AF642379

ANDREAS OHLIGSCHLÄGER

Seelenpartner Hund

Wie wir von Hunden lernen, menschlicher zu sein

ANDREAS OHLIGSCHLÄGER

Seelenpartner Hund

Wie wir von Hunden lernen, menschlicher zu sein

INHALT

Vorwort

Liebe Leserin, lieber Leser,

ich habe schon relativ früh mein Herz für Hunde entdeckt. Bereits als Schuljunge habe ich die Fellnasen bei uns im Dorf beobachtet. Selbst am liebsten bei Wind und Wetter draußen unterwegs faszinierte mich, wie frei sie sich im Hier und Jetzt zu bewegen schienen.

Als ich mit 16 Jahren bei einem Praktikum im Tierheim gelandet bin, hieß es dann schnell, ich hätte ein Händchen für schwierige Hunde. 1987, mit gerade einmal 17 Jahren, musste ich unbedingt nach Portugal, weil ich die Straßenhunde sehen wollte, von denen mir meine Schwester erzählt hatte. Ich habe damals alles zurückgelassen. Meine Familie, meine Freundin, meine Band. Ich wollte einfach unbedingt zu diesen Hunden. Es war wie eine Eingebung. Und letztendlich war diese Entscheidung irgendwie ausschlaggebend für mein ganzes weiteres Leben.

Ich bin stundenlang den Straßen- und Besitzerhunden hinterhergezogen, nachdem sie sich am Morgen in Gruppen getroffen hatten. Darin konnte ich mich verlieren ... Ich könnte auch heute noch den ganzen Tag damit verbringen, an der Mecklenburger Seenplatte zu sitzen und nur die Zugvögel zu beobachten. Die Natur hat für mich etwas Magisches. Ich kann stundenlang irgendwelchen Raubvögeln beim Bau ihres Horstes zuschauen oder fasziniert einem Zaunkönig zuhören, einem der kleinsten Vögel hierzulande, aber trotzdem einer der lautesten Sänger, und vergesse dabei die Zeit.

Zurück in Deutschland habe ich erst einmal einige Zeit fest im Tierheim gearbeitet, später noch mehrere Jahre ehrenamtlich. In diesen neun Jahren habe ich mir mein Geld zusätzlich als Paketbote verdient. Vormittags habe ich Pakete ausgefahren, nachmittags war ich im Tierheim – oder umgekehrt. Das war ungeheuer anstrengend, aber ich habe dafür auch meinen Traum gelebt: von Hunden zu lernen. Bis heute bin ich aktiv im Tierschutz unterwegs und mehrmals im Jahr in Rumänien, Italien, Spanien, Portugal, auf den Kanaren oder Balearen, um Tierschutzorganisationen zu unterstützen. Aus Liebe zu den Hunden. Aber auch, weil Tierschutz für mich viel mit Naturschutz zu tun hat und Naturschutz wiederum viel mit Menschenschutz. Ich sensibilisiere Menschen für ihr Verhalten und versuche Veränderungen zu erzielen. Das ist im Tierschutz genauso. Wenn ich zu einem Menschen, der seinen Hund an der Kette hält, hingehe und frage, ob man die Hütte nicht ein Stückchen näher an den Baum stellen könnte, damit der Hund mehr Schatten hat, oder ob ich etwas Wasser in seinen Napf schütten dürfte, lässt man mich ganz oft machen, anstatt mich sofort vom Grundstück zu verscheuchen, und ich kann zumindest eine kleine Verbesserung erreichen. Wenn nicht, bin ich aber durchaus hartnäckig. Dann gehe ich zur Polizei und bleibe notfalls so lange auf der Wache, bis das geklärt ist. Da fühle ich mich einfach verantwortlich. Deshalb bringe ich auch auf der Bühne immer wieder das Thema Tierschutz zur Sprache. Ich habe eine Aufgabe hier. Kein Tier soll leiden. Und auch wenn jeder von uns nur ein kleines Lichtlein anmacht, wird es ein bisschen heller.

Ganz besonders habe ich in den ersten Jahren mit meinem eigenen Hund gearbeitet: Ben. Auch er natürlich aus dem Tierheim. Molosser. Scharf gemacht von seinen Vorbesitzern. 80 Kilo. Außer Rand und Band. Wie ein Orkan. Er hat alle bedroht, auch mich.

Natürlich bin ich erst mal mit ihm zur Hundeschule gegangen. Ich wollte ja den Wesenstest bestehen, Leinen- und Maulkorbbefreiung erreichen. Aber dann sind wir prompt durchgefallen. Was nun? Abgeben wollte ich Ben auf keinen Fall. Ich

Die Anfänge des »Reviers für Hunde« – mit »Hundeopa« Ben« und Pino, dem unvergessenen »Häuptling des Windes«, meinem Seelenhund, von dem ich 16 lange Jahre so viel lernen durfte über den respektvollen und authentischen Umgang mit Hunden.

war tief in meinem Inneren felsenfest davon überzeugt, dass ich das mit uns beiden hinbekommen würde. Und das habe ich schlussendlich auch. Ohne Hundeschule, dafür mit ganz viel Ruhe und Geduld, die ich mir mit der Zeit immer mehr angeeignet hatte.

Jahre darauf, Ben war schon lang aus dem Schlimmsten heraus und wir waren mittlerweile unzertrennlich geworden, zog noch eine Mastino-Neapoletano-Hündin bei uns ein. Ambra. Ebenfalls aus dem Tierheim. Wenn ich mit den beiden später durch die Straßen ging, die Leine jeweils nur an einem Finger, das fühlte sich unglaublich an. Die beiden waren wirklich großartige Hunde und Ben, ein sanfter Riese, hat im ersten Jahr der Hundetagesstätte als alter Opi sogar noch auf die Kleinen aufgepasst. Weil ich damals bereit war, alles für ihn zu geben, konnte er mir nun alles geben.

Irgendwann wusste ich, dass ich mein Leben ganz den Hunden widmen wollte. Also habe ich eine Ausbildung als Hundetrainer gemacht, wieder ganz klassisch, um mich überhaupt für diesen Beruf zu qualifizieren. Gelernt habe ich aber das Meiste danach, hier im »Revier für Hunde«. Von den Hunden. Sie waren meine besten Lehrer.

DAS PERFEKTE TEAM

Mittlerweile blicke ich auf mehr als 35 Jahre Mensch-Hund-Geschichte zurück und noch immer bin ich nicht müde, das Wissen, das mich die Hunde gelehrt haben, weiterzugeben. Hunde sind meine Berufung, meine Mission. Ich wünsche mir nichts mehr, als dass Menschen und Hunde harmonisch zusammenleben. Dabei will ich sie unterstützen. Ich möchte Menschen helfen, den Weg zu ihrem Herzen (wieder) zu finden. Ich möchte sie sensibilisieren für das Wesentliche im Leben. Und für das, was ihre Fellnasen wirklich brauchen. Denn egal, ob ein Hund Probleme bei der Leinenführung hat, ob er aggressives oder respektloses Verhalten an den Tag legt, nicht abrufbar ist oder, oder, oder: 90 Prozent aller Verhaltensauffälligkeiten haben ihren Ursprung meist in einer unausgeglichenen Mensch-Hund-Beziehung. Deshalb wird auch keine noch so gute Hundeschule helfen, wenn wir nicht dazu bereit sind, in den Spiegel zu schauen und zu erkennen, was wir selbst zu der misslichen Lage beitragen. Der erste Schritt sollte immer sein, bei sich selbst nachzufragen: Wie bin ich? Was mache ich? Wie fühle ich mich? Der erste Schritt sollte bestenfalls der Weg in die Selbstreflexion sein.

Es ist meine feste Überzeugung, dass sich Probleme nur dann lösen lassen, wenn man selbst bereit ist für eine Veränderung. Niemand anderes als wir selbst ist verantwortlich dafür, wenn es in der Mensch-Hund-Beziehung nicht so läuft, wie wir es uns erträumt haben. (Es gibt aber auch Hunde, die bringen so eine Portion Probleme mit, dass der Mensch nicht allein für das unerwünschte Verhalten verantwortlich ist und alle Hände voll zu tun hat, eine harmonische Mensch-Hund-Beziehung hinzubekommen.) Deshalb ist ein wichtiger Teil meiner Arbeit,

Hundehaltern zu zeigen, welche Auswirkungen ihr Verhalten und ihre Energie auf das Verhalten und die Energie ihres Vierbeiners haben und wie sie es schaffen, ihren Hunden souveräne Partner zu werden.

»Ist ja verrückt«, sagen viele meiner Klienten am Anfang. »Ich geh hier also gar nicht in die Hundeschule, sondern werde selbst gecoacht?« Aber sobald sie merken, was das bringt, sind sie Feuer und Flamme. Denn ein Hund, der sich endlich verstanden fühlt, akzeptiert, respektiert und liebt sein Frauchen oder Herrchen als vollwertigen Sozialpartner. Er vertraut ihnen deswegen in allen Alltagssituationen und in allen Hundebegegnungen. Dadurch wird eine positive Entwicklung in Gang gesetzt: Der Mensch gewinnt mehr und mehr an Selbstvertrauen und nimmt in Zukunft dankend jede Herausforderung an, weil er sie meistern wird – genauso wie auch sein Vierbeiner. Die Mensch-Hund-Beziehung erreicht dadurch ein neues Level an Respekt, Verständnis und Liebe.

Hunde brauchen Hunde, davon bin ich überzeugt. Was im »Revier« funktioniert, funktioniert auch im »Kleinen«, in meinem eigenen Rudel: Teja, eine der drei jungen Hündinnen, die 2022 mein Herz im Sturm eroberten, orientiert sich an Marie, meiner Ältesten.

Meine Molly, ausgewiesene Expertin und ungekrönte Königin der hündischen Kommunikation. Sie hat den angeborenen Riecher dafür, wie Hunde ticken und hilft mir mit ihren unglaublichen Fähigkeiten immer wieder bei der Resozialisierung verhaltensauffälliger Hunde.

Selbstreflexion also als erster Schritt, um bestehende Probleme zu lösen und die Beziehung zu seinem Hund zu verbessern und zu intensivieren? Unbedingt! Auch wenn dazu Mut gehört. Aber der wird mehr als belohnt. Es ist wie beim Bergsteigen: Der Weg zum Gipfel ist zuweilen anstrengend, kräfteraubend. Aber wenn man erst einmal oben steht und auf die Welt herunterschaut, die anderen Gipfel auf Augenhöhe, den Wolken so nah, ist alles vergessen und man fühlt sich unendlich frei.

ÜBER DIESES BUCH

Als Nadja Harzdorf-van Wickeren vom GRÄFE UND UNZER Verlag mich fragte, ob ich nicht ein Buch bei ihnen veröffentlichen wollte, sagte ich sofort zu. Ich hatte nur eine Bedingung: Ich wollte nicht noch einen klassischen Ratgeber schreiben. Viel lieber wollte ich beschreiben, wie unsere Fellnasen ihre Zweibeiner und das Leben in unserer Menschenwelt erleben. Denn ich habe in meinen unzähligen

Coachings neben vielen anderen Dingen auch gelernt, dass es deutlich leichter fällt, die Veränderung zu wagen, wenn man sich in die Lage seines Hundes versetzt.

Ich hatte die Idee, das Ganze mal aus Hundesicht anzugehen. Erste Versuche habe ich schon in meinem Buch »Weggefährtenprinzip« gemacht, in dem ich immer wieder meine Hündin Molly zu Wort kommen ließ. Meine wunderbare Molly. Königin des »Reviers« und Königin der hündischen Kommunikation. Diesmal wollte ich das noch ausbauen und so kam Canela ins Spiel, eine ehemalige portugiesische Straßenhündin, die in Deutschland ein neues Zuhause findet und dabei immer wieder vor bisher unbekannte Herausforderungen gestellt wird.

Wie ihr euch denken könnt, hat es persönliche Gründe, dass ich ausgerechnet eine Hündin aus dem Ausland zur Erzählerin erkoren habe. Ich engagiere mich schließlich seit Jahren im Tierschutz und habe selbst nur Hunde von dort. Schon mein allererster eigener Hund kam aus dem Tierheim, eine Mischlingshündin, die von 1980 an 19 Jahre an meiner Seite war. Sie war der beste Hund der Welt, wie alle anderen Hunde auch! Canela allerdings ist eine fiktive Figur, ihre Geschichte ist frei erfunden. Aber so oder ähnlich spielt sie sich viele Tausend Mal ab. Und sie zeigt, wie sich ein Hund verändert, wenn wir uns trauen, etwas zu verändern!

An dieser Stelle ein kurzer Einschub zur eigenen Entschuldigung: Wir wissen leider nicht, was und wie Hunde genau denken und fühlen. Aber fest steht, dass sie extrem empfänglich für ihr Umfeld und unsere Emotionen sind und entsprechend darauf reagieren. Um das, was um Canela herum passiert und was es in ihr auslöst, zu verdeutlichen, habe ich ihr daher immer wieder mal meine Stimme verliehen – und, ja, dadurch habe ich sie in gewisser Weise auch ein wenig vermenschlicht. Wir Menschen können Hunde einfach nicht so gut lesen wie sie uns. Entschuldigung dafür, Canela! Ihr Hunde seid wunderbare Geschöpfe. Und wir sollten euch als das sehen, was ihr seid: Hunde. Als solche seid ihr einzigartig. Eigenartig. Und unsere Seelenpartner.

Eine harmonische Mensch-Hund-Beziehung kann nur auf Augenhöhe funktionieren. Wir müssen uns auf unsere Fellnasen einlassen und bereit sein für Veränderung.

Canela soll für alle Hunde stehen. Über zehn Millionen sind es allein bei uns in Deutschland. Die meisten sicher heiß und innig geliebt, auch wenn sie zuweilen, womöglich auch regelmäßig ein Verhalten an den Tag legen, das ihren Menschen nicht gefällt. Vielleicht erkennt also auch ihr euch in Canelas Geschichte wieder – selbst wenn ihr keinen Hund aus dem Tierschutz an eurer Seite habt, sondern einen Hund vom Züchter. Es ist auch völlig egal, ob eure Fellnase viele tausende Kilometer entfernt geboren wurde oder aus dem Wurf vom Nachbarn gegenüber stammt. Genauso wenig spielt es eine Rolle, wie alt euer Hund ist – vielleicht ist er noch ein Welpe, vielleicht gerade in den Flegeljahren, vielleicht schon eher ein Hundesenior. Egal auch ob Winzling oder Riese: In jedem Hund steckt ein Stück Canela.

Mir selbst habe ich in diesem Buch die Rolle des Sidekicks zugewiesen. Ich bin derjenige, der immer mal wieder reingrätscht in Canelas Erzählungen, um euch zu erklären, was da eigentlich gerade abläuft. Der euch aufmerksam macht, auf mögliche eigene Probleme, aber auch darauf, welche Stellschrauben es bei euch selbst gibt, um die Situation immer weiter zu verbessern. Denn euer Hund ist euer Spiegel. Traut euch, hineinzuschauen!

Dieses Buch ist eine Einladung. Ich lade euch ein auf eine Reise – eine Reise zu euch selbst, eine Reise zu euren Hunden, eine Reise zu mehr Verständnis füreinander. Es soll euch Hoffnung machen, euch Mut geben und euch beflügeln. Und vor allem soll es euch euren Hunden näherbringen.

Ich hoffe, dass ich euch inspirieren kann, alte Wege zu verlassen und neue einzuschlagen. Denn nur wenn wir wagen, uns zu verändern, können wir wachsen.

Euer Andreas
Ohligschläger

1

Canela

Jeder Hund ist anders, jeder hat seine Geschichte und sein Gepäck – mal ist es leichter, mal schwerer. Wenn wir unseren Fellnasen mit dem Herzen begegnen, können wir herausfinden, was sie brauchen, um sich bei uns angekommen zu fühlen.

EINMAL FREIHEIT UND ZURÜCK

»Diese Geschichte, meine Geschichte, begann in den Dünen der Costa Vicentina. Dort, an der portugiesischen Atlantikküste, erblickte ich mit meinen drei Geschwistern an einem windigen Frühlingstag das Licht der Welt. Gut, erblicken ist vielleicht nicht ganz das richtige Wort. Meine Augen und Ohren waren schließlich wie bei jedem Hundebaby erst einmal geschlossen und auch mein Geruchssinn, auf den ich mich später immer so gut verlassen konnte, war noch wenig ausgeprägt. Aber egal, Hauptsache es war warm und ich fand irgendwie instinktiv an die Zitzen meiner Mutter.

Trinken und schlafen: aus viel mehr bestanden die ersten Lebenswochen kaum. Und auch wenn sich meine drei Brüder vordrängelten wie die Weltmeister und ich immer als letzte mein Plätzchen an der »Milchbar« fand, war es doch unglaublich gemütlich, wie wir danach alle vier dicht aneinander gekuschelt nebeneinander lagen und ich den vertrauten Herzschlag meiner Mutter wahrnahm.

Ich kann mich gar nicht mehr genau erinnern, wann sich das änderte. Aber irgendwann konnte ich es nicht nur spüren, sondern auch sehen, wenn das Sonnenlicht in die zerfallene Fischerhütte abseits des Weges fiel, in die sich unsere Mutter für die Geburt zurückgezogen hatte. Ich hörte den Wind pfeifen und die Möwen kreischen – und ich roch die salzige Luft des Atlantiks.

Die Tage vergingen, meine Brüder und ich wurden immer lebendiger. Erst purzelten wir noch recht unkoordiniert herum, nachdem wir uns ausreichend bei unserer Mutter gestärkt hatten – und schliefen kurz danach vor lauter Anstrengung gleich wieder ein. Aber es dauerte nicht lang, da tobten wir herum, hatten Spaß und lieferten uns auch schon mal die ersten kleinen »Rangkämpfe«. Jedes Mal war ich es, die dabei den Kürzeren zog. Lag es daran, dass ich die einzige Hündin im Wurf war? Meine Güte, was würde da wohl noch alles auf mich zukommen.

Woche um Woche verstrich, längst hatten wir die ersten Schritte, Pfote für Pfote, nach draußen gewagt und den Bereich rund um die alte Fischerhütte ausgekundschaftet. Ich hatte das Gefühl, dass unser Leben immer so weitergehen würde und wir bis ans Ende unserer Tage auf diesem Stückchen Erde zusammenbleiben würden. Doch irgendwann sollten sich unsere Wege trennen …

»Ab und an querten andere Hunde unser ›Revier‹. Aber sie machten immer einen weiten Bogen um uns, als spürten sie, dass wir unter uns bleiben wollten.«

Mit der Zeit wurden unsere Erkundungstouren länger, die Wege weiter und die Abenteuer wilder und aufregender. Wir standen immer wieder vor neuen Herausforderungen, wohl wissend, dass wir nur zu unserer sicheren Basis zurücklaufen mussten, um uns bei unserer Mama verkriechen zu können. Wir jagten Vögel, liefen Eidechsen hinterher und hier und da gab es auch schon mal einen Igel, den wir mit unserem Gebell und, wie wir schnell merkten, schmerzhaften Kicks mit den Pfoten zu vertreiben versuchten. Alles in allem jedoch relativ erfolglos. Unsere Mutter dagegen war eine ausgezeichnete Jägerin, die hin und wieder sogar ein Kaninchen für uns mitbrachte.

Ab und an sahen wir seltsame Gestalten, die auf zwei Beinen liefen und sich der Hütte näherten. Blitzschnell waren wir dann wieder drinnen bei Mama. Die war eine sehr weise Hündin. Sie wusste immer ganz genau, zu welchen Menschen – so hießen die Gestalten – sie hingehen konnte und welche sie besser mied. Denn während manche von ihnen vorbeikamen, um uns etwas zu Fressen oder eine Schale mit Wasser zu bringen, zogen andere nur grölend vorbei auf dem Weg zum Strand, warfen mit Steinen nach uns und machten mir vor allem eins: Angst.

Die Monate zogen ins Land. Wir wurden immer größer, wenngleich ich mit meinen Brüdern bei Weitem nicht mithalten konnte. Ich war die Letztgeborene, also die Jüngste, und noch dazu eine Hündin. Dennoch wuchs auch bei mir mit zunehmendem Alter die Neugierde auf die Umgebung. Wir begannen, uns immer weiter von unserer Mama zu entfernen. Mal zu zweit, mal zu dritt, ab und zu sogar allein. Aber immer, wenn ich mich ein Stück zu weit von der Hütte weggewagt hatte, bekam ich das Gefühl, ich bräuchte noch ein bisschen mehr Zeit als meine Brüder, die schon mal über Stunden verschwanden und erst gegen Abend wieder unseren sicheren Heimathafen ansteuerten – bis sie einer nach dem anderen irgendwann überhaupt nicht mehr nach Hause zurückkamen. So blieb ich allein mit unserer Mutter zurück.

Mama ging nach wie vor für uns beide jagen oder machte sich auf den Weg, um irgendwo Futter aufzustöbern. Aber auch bei ihr dauerte es immer länger, bis sie nach Hause zurückkehrte. Als ich es einmal nicht mehr aushielt, machte ich mich auf den Weg, um sie zu suchen. So begann meine Reise. Hätte ich gewusst, was alles passieren würde, vielleicht wäre ich einfach in unserer Hütte geblieben und hätte gewartet …

Rund um die Hütte konnte ich meine Mutter noch überall riechen, aber je weiter ich mich entfernte, umso mehr verlor sich ihre Spur, wurde überdeckt von neuen, nie gerochenen Düften. Ich machte trotzdem nicht kehrt und irgendwann kam ich an einen Ort, an dem viele Häuser standen wie unseres, wenn auch nicht so verfallen. Ich bemerkte Menschen, viel mehr als bei uns in den Dünen – und etwas anderes bemerkte ich bald darauf auch: Ich hatte Hunger. Wäre Mama doch nur hier.

Verlegen drückte ich mich um die Häuser, duckte mich hier im Schatten eines Mauervorsprungs, dort hinter einer der am Straßenrand abgestellten Mülltüten und hielt nach irgendetwas Fressbarem Ausschau. Dabei beobachtete ich einen anderen Hund, der ganz bewusst um ein paar Menschen zu schleichen schien, die mit anderen vor einem Haus saßen und selbst aßen. Es roch herrlich. Der Hund setzte sich vor eine Frau, legte den Kopf schief – und schon flog etwas zu ihm durch die Luft. Er schnappte danach, schlang es herunter und legte dann abermals den Kopf schief. ›Schau doch nur, wie süß. Der hat Hunger‹, sagte die Frau zu ihrer Tochter. Natürlich verstand ich nicht, was sie sagte. Aber ich bemerkte den liebevollen Ton und spürte ihre sanfte Art. Ein bisschen erinnerte mich das an meine eigene Mama.

Plötzlich zeigte die Tochter auf mich. ›Da ist noch einer. Der hat bestimmt auch Hunger.‹ Fast im selben Moment landete ein Stück durchwachsenes Fleisch vor meinen Füßen. Ich erschrak und machte einen Satz rückwärts.

»Wie ich suchten auch andere
auf den Straßen nach Futter.
Ich blieb jedoch lieber auf
Abstand zu ihnen. Irgendwo
würde sich schon noch ein
Happen für mich finden.«

Aber mein Hunger war größer als meine Furcht und so machte ich einen langen Hals und nahm den Brocken mit spitzen Zähnen auf …

Ich lernte schnell. Schon bald wusste ich, wo es was zu holen gab: In den Hinterhöfen der Restaurants standen oft Beutel mit Abfällen. An der einen oder anderen Küchentür schob man mir sogar extra mal einen Leckerbissen zu. Ich hatte außerdem herausgefunden, dass die Leute auf den Restaurantterrassen mir öfter etwas zuwarfen, wenn ich mich angemessen verhielt, während ich, wenn ich zu vorwitzig war, weniger Erfolg hatte. Also wartete ich ab, war geduldig und freundlich. Sobald ein Zweibeiner zu mir hinsah, senkte ich meinen Blick, um ihn nur nicht zu provozieren, und leckte mir über die Schnauze, um zu zeigen, dass ich mit freundlicher Absicht kam und niemanden bedrängen wollte. Meistens kam als Reaktion darauf ein ›Sieh doch nur, der hat auch Appetit‹ und schon hatte ich die Leute um den Finger gewickelt.

Manche Menschen traf ich fast jeden Abend dort, ich wusste ganz genau, wann sie kamen und gingen und dass sie mir jedes Mal großzügig etwas von ihrem Teller abgaben. Bis sie irgendwann plötzlich nicht mehr wiederkamen. Das erinnerte mich jedes Mal wieder kurz an meine Mutter und meine Brüder, die mich auch im Stich gelassen hatten. Einen kurzen Moment war ich verdrießlich und spürte meinen Gefühlen nach, dann aber setzte ich meine Stippvisiten in ›meinen‹ Lokalen fort.

Mit dem Verkehr kam ich mittlerweile ganz gut klar. Nur einmal hatte ich beim Überqueren einer Straße fast einen Fahrradfahrer übersehen und sprang erschrocken zur Seite. Ein Auto hupte, ich schlug einen Haken und gab Gas. Nichts wie weg hier. Das hätte auch böse ausgehen können, aber ich kam mit einem Riesenschrecken davon. Seitdem war ich unterwegs noch vorsichtiger. Ich stellte mich mit etwas Abstand neben die Fußgänger und lief erst los, wenn sie liefen. Und wenn ich ein Auto hörte, wartete ich, bis es wieder leise war.

»Auf dem Weg ins Dorf begegnete ich manchmal einem Rudel Hunde. Irgendwie beneidete ich sie, wie sie da alle zusammen im Schatten eines Granatapfelbaums lagen. Aber ich wagte auch nicht, ihnen näherzukommen, und so schlich ich mich leise vorbei.«

Nachts lief ich runter zum Fluss. Dort hatte ich auf einem meiner Streifzüge ein altes Fischerboot entdeckt, wo ich zumindest etwas Schutz vor Wind und Wetter fand. Wenn ich in den frühen Morgenstunden wach wurde, lief ich erst mal ans Ufer, um zu trinken. Dann ging es Richtung Stadt. Während die Menschen noch tief und fest schliefen, guckte ich schon nach irgendwelchen Resten vom Vorabend, ehe mir die Müllabfuhr zuvorkam.

Anderen Hunden ging ich, soweit das möglich war, aus dem Weg. Ich hatte einfach keine Lust auf Stress. Wenn schon ein anderer an ›meinem‹ Futterplatz herumstöberte, ließ ich ihm den Vorrang. In gewisser Weise kannte ich es ja nicht anders, von Anfang an war ich von meinen Brüdern in die letzte Reihe verwiesen worden: Wer war als letztes an der Zitze? Wer hatte das Nachsehen, wenn Mamas Kaninchen nicht für alle reichte? Alles gefallen ließ

»Wenn ich andere Hunde sah, dachte ich wehmütig an Mama und meine Brüder. Wo sie wohl sein mochten? Wie gerne hätte ich sie um mich gehabt, ihre Unterstützung gespürt. Aber stattdessen schien es mir, als sollte ich von nun an immer allein bleiben.«

ich mir aber auch nicht. Wenn ich bereits am Fressen war und mir einer das Futter streitig machen wollte, habe ich ihm schon klargemacht, dass das meins war und ich mir nicht die Butter vom Brot nehmen ließ. Wir Hunde brauchen dazu nicht viele Worte, ein paar unmissverständliche Signale reichen dazu völlig aus. Welche das waren, hatte ich mir von meiner Mutter abgeschaut, die uns als Welpen mehr als einmal in unsere Schranken gewiesen hat.

Ich war eine Einzelgängerin. Obwohl: So ganz stimmt das nicht. Eine Zeit lang hatte ich eine richtig gute Freundin. Ich hatte sie kennengelernt, kurz nachdem ich mich bei der Futtersuche verletzt hatte. An einer Müllsammelstelle hatte ich eine leere Tunfischdose entdeckt. Um die Reste besser herauslecken zu können, stellte ich mich mit einer Pfote darauf und schnitt mich glatt in den Ballen. Ich spürte sofort den Schmerz und es ging mir noch eine ganze Weile schlecht, weil die Wunde sich entzündete. Ich zog mich in der Zeit ziemlich zurück und war die meiste Zeit damit beschäftigt, die Wunde sauber zu lecken. Eines Tages war ich dabei in ›ihrem‹ Hinterhof gelandet. Sie starrte mich an und schnell senkte ich den Blick. Für Konfrontation fehlte mir definitiv die Kraft. Umso erstaunter war ich, dass sie mich einfach gewähren ließ. Sie legte sich sogar nicht weit entfernt hin und hielt, nachdem sie mich eine Weile beobachtet und vermutlich festgestellt hatte, dass von mir keinerlei Gefahr ausging, ein Schläfchen. Erleichtert tat ich es ihr gleich.

Als die Hündin später aufbrach, hängte ich mich an sie und folgte ihr. Wieder ließ sie mich machen. Sie war einfach cool. Seit langer Zeit dachte ich mal wieder an meine Mutter. Irgendwie erinnerte diese Hündin mich mit ihrer Souveränität an sie.

Als ich am nächsten Morgen in ihrem Hof vorbeischaute, empfing sie mich mit einem Schwanzwedeln. Ich deutete das als Einladung und ließ mich nieder. Seitdem waren wir nahezu unzertrennlich. In ihrem Windschatten war ich glücklich. Ich fühlte mich sicher und geborgen. Bei einem unserer Streifzüge am Strand hob ich meine Nase. Die Luft war feucht und roch nach Freiheit. Das Meer glitzerte wie flüssiges Silber im winterlichen Sonnenlicht. Wieder einmal hoffte ich, es würde für immer so bleiben …

Aber eines Tages war meine Freundin verschwunden, genauso plötzlich wie sie in mein Leben getreten war. Ich entdeckte sie am Hafen, etwas abseits neben einem rostigen Schiffsbug. Sie lag leblos dort, ihr Fell blutbeschmiert.

Meine unbeschwerten Tage schienen aber ohnehin gezählt. Kurz darauf war Schluss mit meinem Leben als freie Straßenhündin. Ich wurde eingefangen und nachdem irgendjemand meinte, er bräuchte einen Wachhund, war mein Schicksal besiegelt.

Monate der Einsamkeit vergingen. Ich lag auf dem nackten sandigen Boden, mein windschiefer Verschlag stand in der prallen Sonne und bot damit nur wenig Schutz vor der Hitze. Wenn es regnete, drang das Wasser durch das kaputte Dach hinein. Ich erinnerte mich an das Boot unten am Fluss. Auch das war undicht, aber ich hatte dort das ewige Rauschen des Wassers gehört und mich sicher gefühlt. Und vor allem hatte ich gehen können, wann und wohin ich wollte. Hier war nur das aufgeregte Kläffen anderer Hunde zu hören, die dasselbe Schicksal ereilt hatte wie mich und deren Bewegungsradius wie meiner gerade einmal zwei Meter betrug – genauso lang war die Kette, an der ich hing.

Das einzige Lebewesen, das ich ab und zu sah, war der Mann, der mich in diese Situation gebracht hatte. Wenn ich Glück hatte, setzte er mir ein paar Brocken vor oder einen Napf Wasser. Er hatte dabei jedoch nichts von den Menschen, die ich auf der Straße angebettelt hatte. Er war grob und ungehalten und als ich ihn einmal anbellte, um ihn auf Distanz zu halten, verpasste er mir einen schmerzhaften Tritt. Seitdem hatte ich noch mehr Angst vor ihm.

Die Sonne brannte gnadenlos auf mich herunter und ich sehnte mich nach meiner Freundin, meiner Mutter, dem Glitzern des Meeres …

Ich weiß nicht, wie lange ich litt, bis irgendwann etwas völlig Unerwartetes geschah. Eine junge Frau kam zu Besuch. Sie sah mich und kurz darauf hörte ich sie mit dem Mann sprechen, erst leise, dann immer lauter und aufgeregter. Ich spürte, wie geladen die Stimmung war und machte mich so klein wie möglich. Am liebsten hätte ich mich irgendwohin verkrochen und wäre nie wieder herausgekommen. Doch daraus wurde nichts. Zwei Männer in Uniform kamen und nahmen mich mit. Ich wurde in eines dieser Dinger gesperrt, die sie Autos nennen und denen ich bisher misstrauisch aus dem Weg gegangen war. Dann ruckelte es heftig, alles um mich herum schien plötzlich zu rasen und ich sah mein letztes Stündlein schlagen. Doch wieder kam es anders …

»Die glühende Hitze war manchmal unerträglich. Meine Kette reichte nicht bis zum spärlichen Schatten der Bäume und der kleine Verschlag heizte sich in der Sonne auf wie ein Backofen. Ich fühlte mich unendlich verloren.«

Ich wurde aus dem Auto geladen und in einen abgesperrten Bereich gebracht. Ich hörte aufgeregtes Bellen und konnte riechen und spüren, dass hier jede Menge Hunde auf einen Haufen zusammenlebten. Aber wo waren sie? Ich fühlte mich nicht besonders wohl. Und dann kam auch noch jemand, hielt mich fest, fasste mich überall an und zupfte an mir herum. Etwas pikste mich. Ich war starr vor Schreck.

Ich wurde in einen Bereich gebracht, in dem schon ein paar andere Hunde warteten. Sie umrundeten mich, während ich mich zurückhielt und mich einfach beschnuppern ließ. Bloß keinen Ärger, das war das Letzte, was ich gerade brauchen konnte. Aber immerhin: Ich war nicht mehr an der Kette und der böse Mann war weit und breit auch nicht zu entdecken.

Stattdessen war da eine Frau, die sehr liebevoll und geduldig mit mir umging. Weil sie mir mit dem Herzen begegnete, fasste ich binnen weniger Tage Vertrauen zu ihr und ließ, wenn auch noch angespannt und ängstlich, einiges über mich ergehen – vom Streicheln über Kämmen bis zum Zähne-Anschauen. Eine ›Menschenfreundin‹ war ich deswegen aber noch lange nicht. Den Mann, der mittags ins Gehege kam, ließ ich keinen halben Meter an mich ran.

Ein paar Wochen vergingen und ich hatte mich schon fast mit der neuen Situation abgefunden, als sich wieder alles veränderte. Ich wurde erneut in ein großes Auto verfrachtet, diesmal in einer kleinen Box, in der ich mich gerade drehen konnte. Anders als beim letzten Mal war ich auch nicht allein. In unterschiedlich großen Boxen wurden noch andere Hunde eingeladen. Einige waren ziemlich gestresst, winselten und bellten. Die Frau trat noch einmal ans Auto, steckte ihren Finger durch das Gitter meiner Box und kraulte mich am Kopf. ›Adeus, Canela‹, flüsterte sie und in ihrer Stimme schwang ein Anflug von Schwermut mit. Canela, das war wohl ich, so viel hatte ich mittlerweile verstanden, denn mit diesem Namen hatte sie mich immer angesprochen,

»Im Tierheim sah ich Hunde, die offensichtlich noch schlechter dran waren als ich. Manche hatten große Narben davongetragen, anderen hatte das Sonnenlicht die Augen verblitzt. Nun aber schienen wir alle Leidensgenossen.«

wenn wir zusammen waren. Aber warum war sie so traurig? Und warum konnte ich nicht einfach bei ihr bleiben? Ich verstand die Welt nicht mehr.

Die Türen des Lieferwagens schlossen sich und es wurde dunkel. Wir fuhren Kilometer um Kilometer und je weiter wir kamen, desto leiser wurde es im Wagen. Meine Mitreisenden schienen sich wie ich mit ihrem Schicksal abzufinden …

Nach einer gefühlten Unendlichkeit hielt der Wagen. Die Türen wurden geöffnet, unsere Boxen herausgehoben, auf dem Boden abgestellt und wir befreit. Endlich hatte das Geruckel ein Ende und ich wieder festen Boden unter den Pfoten. Aber wo waren wir hier? Ein paar Leute standen herum und unterhielten sich. Hunde bellten. War ich wieder bei meiner Freundin? Ich konnte sie nirgends erschnüffeln. Es war auch viel kälter hier und die Stimmen der Leute klangen ungewohnt – genauso wie die der Hunde.

Ich wurde in einen Zwinger gebracht und man stellte mir einen Napf mit Futter hin. Ich hatte bestimmt schon einen Tag nichts gefressen, aber jetzt war ich viel zu aufgeregt und gleichzeitig auch viel zu erschöpft dazu.

Es wurde Nacht, es wurde Tag. Zwei Menschen kamen, ein Mann und eine Frau. Sie schienen freundlich und begegneten mir mit voller Aufmerksamkeit. Trotzdem löste er bei mir ein klein bisschen Unbehagen aus, weil er mich an die Männer erinnerte, mit denen ich auf der Straße und auch in der Zeit an der Kette schlechte Erfahrungen verknüpfte. Er war groß und stark und wirkte irgendwie bedrohlich, als er sich über mich beugte, obwohl er mir nur seine Hand hinhielt. Die Frau dagegen war sehr zart, fast schon zerbrechlich. Ich nahm sofort ihre Herzensenergie wahr. Was mich allerdings verunsicherte, war, dass sie ununterbrochen redete. Irgendwie wirkte sie dadurch auf mich selbst sehr unsicher und ängstlich. Ich war irritiert. Was waren das für Menschen? Was wollten sie von mir?

Ich wusste nichts davon, dass Nadine, so hieß die Frau, schon seit Tagen abends vor ihrem Rechner gesessen und sich durch die Bilder verschiedener Tierheime geklickt hatte. Bis sie mich fand und sich sofort verliebte. Ich wusste nicht, dass sie die Leute in Portugal anmailte. Dass sie besprachen, dass man mich in ein deutsches Tierheim bringen würde, wo sie mich dann in Ruhe anschauen und kennenlernen könnte. Ich wusste nicht, dass sie beschlossen hatte, dass ich ihr Hund sein und den Rest meines Lebens bei ihr verbringen sollte.

Während die beiden noch mit anderen Menschen sprachen, hockte sich die Frau neben mich und strich mir immer wieder über den Rücken. Da spürte ich das erste Mal ein Gefühl der Verbundenheit. Gleichzeitig ahnte ich, dass hier wieder etwas Neues auf mich zukam.

Und so war es auch: Ich bekam ein Sicherheitsgeschirr umgelegt und wurde wieder in ein Auto gehoben. Diesmal saß die Frau neben mir und sprach die ganze Fahrt über weiter liebevoll auf mich ein: ›Wir fahren jetzt nach Hause, Canela. Alles ist gut. Jetzt geht's endlich heim.‹ Ich verstand kein Wort, aber irgendetwas in mir sagte mir, dass sie es gut mit mir meinte, und mein Herz machte seit Ewigkeiten wieder einen kleinen Hüpfer. Ich wollte mehr von dieser Frau erfahren. Und wenn es denn sein musste, wollte ich auch dem Mann eine Chance geben.«

»Wenn ich meine Augen schloss, sah ich die Wege, die ich so viele Male von meiner Schlafstätte ins Dorf gelaufen war. Obwohl ich mich oft einsam gefühlt hatte, vermisste ich doch die Freiheit und sehnte mich zurück nach meinem alten Zuhause.«

»Ich erinnerte mich an den warmen Sand unter meinen Pfoten, die anderen Hunde, den würzigen Geruch der Dünen, das Rauschen des Atlantiks und das Glitzern des Meeres im Abendlicht. Würde ich Portugal je wiedersehen?

2

Unbekannte Herausforderungen

Wenn ein Hund einzieht, steht seine Welt erst einmal Kopf. Vieles, was für uns ganz normal ist, ist für ihn völliges Neuland. Er braucht unsere liebevolle Unterstützung, um alle Hürden zu bewältigen und der Begleiter zu werden, den wir uns wünschen.

NEUE WELT, WAS NUN?

»Endlich hielt das Auto. Die ganze Fahrt über hatte Nadine mich gestreichelt. So viel Liebe hatte ich in dieser Art noch nie erfahren und es war mir fast schon zu viel. Ich fühlte mich ein bisschen eingeengt. Das neue Auto, all die neuen Gerüche: Das wollte erst mal verdaut werden. ›Lass den Hund doch mal in Ruhe‹, hatte Daniel, der Mann, von vorne gegrummelt. An seiner Stimme spürte ich, dass es zwischen den beiden irgendeinen Konflikt gab. Aber Nadine streichelte mich einfach weiter, wie mir schien, fast noch ein bisschen intensiver. Ich hatte das Gefühl, dass sie nicht wirklich frei war. Sie machte nicht gerade einen selbstbewussten und starken Eindruck auf mich, sondern wirkte eher schwach. Fast kam sie mir vor wie eine jüngere Hündin oder ein Welpe. Hoffentlich muss ich nicht auf diese Frau aufpassen, schoss es mir durch den Kopf. Dafür bin ich doch selbst noch viel zu unsicher.

Daniel öffnete die Autotür und löste den Gurt, mit dem ich während der Fahrt gesichert war. Wie der Blitz sprang ich ins Freie. Wo war ich? Ich erkannte nichts wieder. Nichts von alldem hier erinnerte mich an zu Hause. Ich trug ein Sicherheitsgeschirr und eine Leine, vermutlich damit ich nicht abhauen konnte. Dabei war ich mir nicht mal sicher, ob ich das überhaupt wollte. Irgendwie hatte ich mit Nadine bereits ein vertrautes Verhältnis aufgebaut. Und überhaupt: Wo sollte ich hin?

Nadine führte mich durch den kleinen Vorgarten, in dem wunderschöne Blumen standen, aber ehe ich mich richtig umsehen und alles ausgiebig beschnüffeln konnte, hatte Daniel auch schon die Haustür aufgeschlossen. Sie zog mich nach drinnen und löste die Leine. Da stand ich nun und schaute mich verwundert um. Ich war das erste Mal in geschlossenen Räumen, ohne einen anderen Hund zu entdecken. Das war mir neu. War ich hier ganz allein mit den beiden? Es roch nach Reinigungsmittel und seltsamerweise standen überall im Haus Pflanzen.

Daniel legte die Decke, die sie aus dem Tierheim mitbekommen hatten, damit ich etwas hätte, das mir vertraut wäre, in einen Korb, sagte dann etwas und zeigte darauf. Ich verstand nicht, was er mir damit sagen wollte.

Nadine stellte eine Schüssel mit Wasser und einen Napf mit Futter vor meine Nase. Ich war tatsächlich hungrig, aber wegen des ganzen Stresses bekam ich keinen Bissen runter. Also ließ ich das Futter erst einmal stehen und würdigte das Wasser keines Blickes.

Ich war von der langen Fahrt nach Deutschland und den schlaflosen Nächten im Tierheim unendlich müde, gleichzeitig aber auch aufgekratzt. Ich war zwar neugierig, die vielen neuen Eindrücke überforderten mich aber. Dazu die Energie dieser beiden Menschen: Das war mir einfach zu viel. Und da kam Nadine schon wieder, um mich zu streicheln.

›Wenn ich nur mal so viel Aufmerksamkeit von dir bekommen würde, wie diese Hündin‹, hörte ich Daniel blaffen und spürte die negativen Schwingungen im Raum. Ich verstand natürlich nicht seine Worte, aber ich fühlte sehr genau, dass er sich zurückgesetzt fühlte. Dieselbe Energie hatte ich eben auch schon gespürt, als er im Zimmer nebenan auf den Korb gezeigt hatte. Es kam mir vor als wollte er mir sagen: ›Ich hab zwar nichts gegen dich persönlich, ich fände es aber auch nicht schlimm, wenn du nicht da wärst.‹

Nadine plapperte indes ununterbrochen weiter. Der liebevolle, weiche Klang ihrer Worte überdeckte meine Zweifel und ich begann tatsächlich, mich ein ganz klein wenig wohl zu fühlen. Aber würde ich überhaupt hierbleiben? War das nicht vielleicht nur eine weitere Zwischenstation auf meiner Reise?

Kaum hatte ich mich ein paar Minuten umgesehen, nahm Nadine mich wieder an die Leine, öffnete ein große Glastür und führte mich hinaus in den Garten. Seit einer gefühlten Ewigkeit betrat ich ein Stück Wiese. Ich spürte nicht nur das weiche Gras unter meinen Pfoten, sondern auch wie mein Herz zu klopfen begann. Eigentlich musste ich ganz dringend und jetzt wäre eine gute Gelegenheit gewesen, sich zu lösen. Aber ich war so aufgeregt, dass ich mich selbst dafür nicht frei machen konnte. In einiger Entfernung hörte ich Hundegebell. Es gab hier also doch noch irgendwo meinesgleichen. Ob der Hund wohl an der Kette lag? Würde ich ihm irgendwann über den Weg laufen?

Eine neue Umgebung ist aufregend! Allein mit ihren ca. 220 Millionen Riechzellen (im Vergleich: Menschen haben gerade mal 5 bis 10 Millionen) nehmen Hunde unzählige Dinge wahr. Kein Wunder, dass sie bei so vielen Eindrücken nicht mehr genau wissen, was zu tun ist.

Unsere Fellnasen können nicht nur fantastisch riechen, sondern haben auch sehr gute Ohren. Sie hören Geräusche, die wir selbst gar nicht wahrnehmen und (re)agieren dementsprechend für uns manchmal völlig unerklärlich.

Ich hörte Vögel zwitschern, wenn auch andere als zu Hause, und spürte die wärmenden Sonnenstrahlen auf meinem Fell. An einer Stelle des Gartens entdeckte ich einen kleinen Teich. Der Wind kräuselte leicht die Oberfläche, wodurch das Wasser beinahe silbern glitzerte. Ich streckte vorsichtig die Nase in die Luft und witterte. Roch so meine neue Freiheit?

Nadine ließ mir keine Zeit zum Überlegen. Wir gingen wieder nach drinnen und völlig überwältigt von den vielen neuen Eindrücken hockte ich mich noch an der Leine selbstvergessen hin und musste pinkeln. Das hätte ich mal lieber sein lassen, denn Daniel wurde gleich laut. Sofort erinnerte er mich wieder an meinen alten Besitzer in Portugal. Auch dort hatte ich versucht, alles richtig zu machen, aber das war scheinbar alles verkehrt gewesen. So wie jetzt. Aber warum? Zu Hause in Portugal konnte ich hinmachen, wo ich wollte. Und im Tierheim war das auf dem Boden auch überhaupt kein Ding. War das hier denn kein Zwinger?

*Nadine stimmte ein, allerdings schien sie nicht mit mir, sondern mit ihrem Mann zu schimpfen. Dann nahm sie mich und zog mich zurück in den Garten, wo sie auf mich einredete. In ihrer Stimme schwang Enttäuschung mit. Ich spürte, dass sie sich nicht wohlfühlte. Was sollte denn das jetzt wieder? Lag es an mir, dass sie so unzufrieden schien? Oder am Streit mit Daniel?
Ich war völlig verunsichert.*

Als Nadine merkte, dass ich mich nicht noch einmal lösen würde, seufzte sie laut, zuckte mit den Schultern, schob ein ›Was soll's‹ hinterher, führte mich zurück ins Haus, schnurstracks vorbei an Daniel, und zeigte mir die anderen Zimmer. Hier war wirklich viel Platz. Hinter einer Tür stand sogar noch ein Körbchen. Die Decke darin war aber nicht meine, die lag ja in dem anderen Korb. Gab es hier doch noch einen zweiten Hund?

Jeder braucht mal Zeit für sich und einen Ort, an den er sich zurückziehen kann, um Ruhe zu finden und ungestört Kraft zu tanken. Das gilt für Hunde genauso wie für Menschen und dieses Bedürfnis sollten wir unbedingt akzeptieren.

Ich hörte eine Tür ins Schloss fallen und wie Nadine nach Daniel rief. Aber es kam keine Antwort und als wir in das erste Zimmer zurückkamen, war er verschwunden. Nadine und ich waren allein. Es fühlte sich an, als fiele eine Riesenlast von meinen Schultern, und ich ließ mich das erste Mal einigermaßen entspannt auf den Boden sinken. Nadine tat es mir gleich und ließ sich mit einem Seufzer aufs Sofa plumpsen. Es verging jedoch keine Minute, da stand sie wieder auf, um sich in der offenen Küche nebenan ein Glas Wasser zu holen – natürlich blieb auch das nicht unkommentiert. Und als sie zurückkam, schien sie mir auch wieder irgendetwas zu erklären. Sie streichelte mich, setzte sich wieder und sah mich an. Noch nie in meinem Leben hatte ich so viel Aufmerksamkeit bekommen. Überhaupt ließ sie mich nicht aus den Augen. Sogar wenn ich den Kopf ablegte, sprach sie mich an. Warum machte sie das? Ich wollte doch ein-

fach nur mal hier liegen und mich ein bisschen entspannen. Vielleicht ging es ja doch gleich weiter ins nächste Tierheim. Da wollte ich zumindest eine kurze Pause machen. Genau das war aber leider nicht möglich. Nadine lief erneut in die Küche, kam mit dem Futternapf zurück und stellte ihn mir vor die Nase. Aber ich hatte immer noch kein Bedürfnis zu essen. Also nahm sie das Futter wieder weg und legte mir stattdessen ein seltsames Teil hin (später lernte ich, dass das ein Extraspielzeug für Hunde war). Als ich nicht reagierte, kam noch eine Art vertrockneter Knochen dazu. Was sollte das alles? Ich merkte, dass sie guter Dinge war, die Stimmung war entspannt, auch weil Daniel immer noch weg war. Trotzdem fühlte ich mich nicht angekommen. Auf der Straße musste ich mir die Aufmerksamkeit der Menschen erbetteln, wenn ich etwas von ihnen wollte. Das Futter kam dort zwar nicht einfach so herbei und ich hatte auch keinen so weichen Platz, auf dem ich liegen konnte. Dafür war ich glücklich und sorgenfrei gewesen.

Nadine kam mir unendlich unruhig vor. Ständig stand sie auf, lief irgendwohin, kam zurück, setzte sich wieder, stand wieder auf, verließ das Zimmer, rief meinen Namen und klopfte sich auf die Schenkel, was ich, ich weiß nicht warum, als Aufforderung ansah, ihr zu folgen. Ich wünschte mir im Moment nichts lieber, als einfach ein bisschen auszuruhen. Aber weil sie überhaupt nicht aufhörte, rappelte ich mich schließlich doch auf und trottete zu ihr hinüber. Daraufhin wuschelte sie mir wieder durchs Fell und überschüttete mich mit Worten. Diese Frau war mir ein Rätsel! Und ein anstrengendes dazu.«

Liebe Canela, ich würde dich hier gerne mal kurz unterbrechen. Denn was du erlebt hast, erleben ganz viele Hunde, wenn sie neu bei uns einziehen. Die Menschen freuen sich, wollen dem Hund die Eingewöhnung so leicht wie möglich machen und aufkommendem Trennungsschmerz am besten überhaupt keine Chance lassen. Dafür legen sie sich mächtig ins Zeug und übersehen leider oft das Wichtigste. Dass so ein Neuanfang Zeit braucht.

Also: Was passiert hier eigentlich gerade? Da kommt unsere junge Hündin in ihr neues Zuhause und ist erst einmal komplett überfordert. So viele Außenreize, so viele neue Gerüche. Ja, Nadine und Daniel (vermutlich war es eher Nadine) haben alles wunderbar für Canela hergerichtet, also mit Näpfchen, Körbchen und Deckchen, mit Futter, Spielzeug und Kauknochen. Was gut gemeint ist, ist aber einfach zu viel. Gerade Hunde, die aus dem Tierschutz kommen, sind dadurch schlichtweg überfordert, weil sie bisher auf sich allein gestellt waren nichts davon kennen.

WENIGER IST OFT MEHR

Weniger ist in solchen Situationen mehr. Wenn ein Hund das erste Mal in eure Wohnung kommt, hilft es ihm ungemein, wenn ihr erst einmal ein Stück weit auf Distanz geht. Dass ihr nicht eure ganze Aufmerksamkeit auf ihn richtet, sondern ihn einfach mal tun lasst. Läuft er herum und kundschaftet die Umgebung aus, setzt ihr euch also einfach hin, lest etwas oder geht irgendeiner anderen ruhigen Tätigkeit nach. Auch wenn es unglaublich schwerfällt (man hat sich schließlich schon so lange auf diesen Moment gefreut), solltet ihr den Hund auch nicht die ganze Zeit beobachten und erst recht nicht ansprechen oder unentwegt anfassen. Geduldet euch! Zeit, die Beziehung aufzubauen, ist noch früh genug. Vor allem muss der Hund dafür erst einmal ankommen und das Gefühl entwickeln, dass dieses Zuhause von nun an auch sein Zuhause sein wird.

Canela allerdings hatte nicht nur keine Ruhe, sondern auch kaum Zeit, die neue Umgebung zumindest kurz abzuchecken, da musste sie auch schon wieder raus in den Garten. Dort war ebenfalls alles Neuland für sie. Aus Portugal kannte sie Dünenlandschaften, das Flussufer, den Strand und den einen oder anderen kleinen Park oder Grünstreifen in der Stadt. Der Hof, in dem sie als Kettenhund ihr Dasein fristete, war ein staubiges Loch. Und im Tierheim schlief sie meist auf Betonböden. Ein umzäuntes Grundstück mit grünem Rasen und Blumenrabatten hatte sie noch nie gesehen. Die Geräusche waren ihr fremd und dass hier andere Hunde bellten,

Auch wenn es seltsam klingt: Ab und zu mal ein bisschen auf Distanz zu gehen, fördert das Vertrauen und die Nähe zueinander. Den Hund einfach mal nicht groß beachten, ihm Zeit geben zum Runterkommen ist also genauso wichtig wie gemeinsame Unternehmungen.

gab ihr in diesem Zustand vermutlich kaum Sicherheit, sondern war ihr ebenfalls nicht ganz geheuer. Alles in allem war die Situation also mehr als befremdlich. Kein Wunder, dass sie extrem verunsichert war und das Pinkeln erst mal vergessen hat.

Unser Mädchen ist hier übrigens kein Einzelfall. Wenn ein Hund irgendwo neu ist, vergisst er draußen wegen der vielen ungewohnten Reize, die ihn überwältigen, sich zu lösen. Das passiert dann erst, wenn er wieder drinnen ist. Tür zu und los geht's! Eigentlich ist das ein gutes Zeichen, weil der Hund dadurch zeigt, dass er sich zu Hause schon soweit sicher und angekommen fühlt, dass er loslassen kann. Toll finden wir Menschen es natürlich trotzdem nicht. Wenn ihr euren Hund jetzt allerdings schimpft, so wie Daniel Canela geschimpft hat, versteht er die Welt nicht mehr. Er kommt gerade an, ist völlig überfordert, pieselt in die Wohnung und der Mensch flippt aus. Warum?

Schimpfen und Lautwerden ist so ziemlich das Schlimmste, was man in dieser Situation machen kann, und damit ein Riesenstolperstein in der langsam heranreifenden Mensch-Hund-Beziehung. Hier muss sich jeder Hundehalter wirklich in Geduld üben und sich sagen: »Wenn der Hund jetzt ein paar Mal reinpieselt, ja dann ist das halt so. Da brauche ich nicht jedes Mal auszuflippen.«

Ich empfehle euch, das Malheur mit einem Tuch aufzuwischen, Tuch und Hund direkt nach draußen zu nehmen und das Tuch dort hinzulegen, wo er sein Geschäft eigentlich verrichten soll. So riecht er, wenn er beim nächsten Mal rausgeht, seine Marke und weiß: »Ah okay, da kann man hinmachen und drinnen ist es nicht erlaubt.« (Wer keinen Garten hat, muss das Tuch erst mal draußen an einen Baum oder in einen Grünstreifen legen und später dann wieder entsorgen).

Wenn ein Hund schon längere Zeit in einer Pflegestelle war, ist er in der Regel stubenrein. Für Welpen, die mit Familienanschluss aufwuchsen, kann das je nach Alter ebenfalls gelten. Genauso für viele erwachsene Hunde aus »zweiter Hand«.

Nicht nur Welpen, auch manche erwachsenen Hunde müssen erst noch lernen, wo sie sich erleichtern dürfen. Mit unserer Unterstützung verstehen die meisten dann aber doch recht schnell, wie der Hase läuft. Am wichtigsten dabei sind Konsequenz und Geduld.

Sehr junge Welpen, Welpen aus Zwingerhaltung, Hunde, die von der Straße kommen oder solche, die im Tierheim immer angeleint waren, sind es aber nicht. In so einem Fall muss man die Sache selbst konsequent angehen. Und das heißt: Nach dem Schlafen, Fressen und Spielen geht es raus. Immer! Denn dann muss der Hund. Aber nach ein paar Tagen bis zwei, drei Wochen ist es dann auch gut und das Thema ist durch.

Meinen Hunden hat immer geholfen, wenn ich, sobald sie anfingen, sich zu lösen, ein »Fein, Pippi machen, fein, Pippi machen« rausgehauen habe, in diesem typisch übertriebenen Lobes-Singsang. Genauso habe ich es dann jedes Mal gemacht, wenn wir draußen waren. Mithilfe des Marker-Worts und der ganz speziellen Stimmlage haben bisher alle ziemlich schnell eine Verknüpfung hergestellt und gelernt, wie der Hase läuft.

Hunde brauchen uns als »Leuchttürme«, an denen sie sich orientieren können, damit sie sich in unserer Menschenwelt gut zurechtfinden. Deswegen sind sie auch umso entspannter, je unaufgeregter wir selbst durchs Leben gehen.

Überhaupt spielt unsere Stimme (nicht die Worte) und die Energie, die in ihr mitschwingt, eine nicht zu unterschätzende Rolle in der Kommunikation mit Hunden. Genauso wie Ruhe, Geduld und Gelassenheit. Ich werde also im Verlauf des Buches immer wieder mal darauf zurückkommen.

Nadine hat insofern vieles richtig gemacht, als sie Canela mit ihrer ruhigen und liebevollen Art entgegengetreten ist. Allerdings hat sie es einfach zu gut gemeint, also zu viel gestreichelt, zu viel geredet, ihr zu viel Aufmerksamkeit geschenkt. Das ist dann auch wieder kontraproduktiv, weil der Hund so von Anfang an lernt, dass der Mensch sich an ihm orientiert. Was ich mir aber wünsche, ist, dass es genau umgekehrt ist. Dass sich der Hund an seinen Menschen orientiert. Dass er sich zum Beispiel, wenn der Mensch sich mal auf die Couch legt und fünf Minuten die Augen zumacht, ebenfalls zur Ruhe kommt und dann nicht ein Spielzeug anbringt oder sonst wie für Action sorgen will. (Übrigens: Das ist auch das, was sich ein Hund wünscht. Dass er sich an uns orientieren kann.)

Ständig aufgeregt herumzulaufen und immer noch mehr neue Angebote zu machen (Futter, Wasser, Spielzeug, Kauknochen) überfordert so ziemlich jeden Hund. Genauso ist es wenig hilfreich, unentwegt ohne Punkt und Komma auf die Fellnase einzureden und immer wieder ihren Namen zu nennen. Und der Hund wird auch nicht gleich verhungern. Wenn er nicht frisst, dann will er eben gerade nicht fressen und dann muss man ihm auch keine Alternative anbieten, indem man es mit Leberwurst versucht oder ihm ein bisschen frisches Fleisch brät. Wenn er angekommen ist, wird er schon fressen. Habt Geduld!

Anstatt den Hund mit Angeboten zu überschütten, kommt lieber selbst in die Entspannung. Lasst gern auch chillige Hintergrundmusik laufen, denn die wirkt auf Hunde genauso beruhigend wie auf uns. Zieht die Schuhe aus und zeigt dem Hund so, dass ihr selbst auch ankommt – macht einfach das, was ihr zum Runterkommen machen würdet, wäre gerade kein Hund eingezogen. Das hilft ihm enorm.

Ihr könnt auch gerne eure ganz normalen Alltagsdinge erledigen. Gut, ich würde vielleicht nicht gleich den Staubsauger rausholen. Das wäre den meisten Hunden dann vermutlich doch zu viel. Aber die Kühlschranktür öffnen, auch wenn dann vielleicht die Flaschen oben klappern, mit dem Stuhl rucken oder die Waschmaschine anmachen (ja, auch wenn sie beim Schleudern ziemlich scheppert), das kann man einem Hund schon zumuten. Und nach einiger Zeit dann auch den Staubsauger.

Alles andere wäre das Schlimmste, was ihr machen könnt. Einen verunsicherten Hund total in Watte zu packen und ihm damit noch zusätzlich so eine Käseglocke überzustülpen, ihm nur ja nichts zuzumuten, das wäre, als würden wir sagen: »Du Armer, du warst und bist verängstigt und du wirst es auf jeden Fall auch bleiben.« Dabei brauchen gerade verunsicherte Hunde Herausforderungen, um an ihnen wachsen zu können. In Maßen natürlich und immer nur in dem

Unsere Fellnasen bekommen viel mehr von all dem mit, was um sie herum passiert, als wir vermuten. Dadurch spüren sie zum Beispiel auch, was wir ihnen zutrauen – oder uns selbst.

Tempo, das sie selbst dabei vorgeben. Es bringt nichts, mit Vollgas loszupreschen und auf Anhieb die größte Hürde nehmen zu wollen. Seid geduldig und lasst es langsam angehen. Das Gras wächst schließlich, wie es so schön heißt, auch nicht schneller, wenn man an ihm zieht.

Würde Nadine es richtig machen, würde sie einfach von allem nur die Hälfte tun. Also Canela weniger ansprechen, weniger anfassen, weniger angucken. Auch mal an der Hündin vorbeigehen, wenn sie entspannt auf dem Boden liegt, und sich darin üben zu sagen: »Nein, ich werde sie jetzt nicht jedes Mal angucken und anfassen, wenn ich an ihr vorbeigehe. Ich finde sie total süß. Ich freu mich auch, dass sie jetzt so gemütlich auf dem Teppich liegt, aber ich bleibe bei mir und lass sie. Ich lass sie liegen.« Und genau das ist gut. Denn indem sich ein Hund hinlegt, signalisiert er uns genau das: »Lass mich. Lass mich jetzt einfach mal zur Ruhe kommen. Ich will nicht spielen. Ich will auch kein Futter oder Leckerchen. Ich will gar nichts. Nicht einmal gestreichelt werden. Ich will jetzt einfach hier liegen, weil ich meine gewohnte Umgebung vermisse, komplett überfordert bin und gerade versuche, mich mit der Situation anzufreunden. Dafür brauche ich Ruhe.« (Übrigens zeigt euer Hund auch später, wenn er schon lange bei euch wohnt, indem er sich hinlegt, dass er eine Auszeit möchte. Respektiert das bitte und »stört« ihn nicht an seinem Platz.)

HILFE, MEIN HUND IST EIN STALKER!

Die Sache mit der Megaaufmerksamkeit kann sich zudem relativ schnell ins Gegenteil kehren. Dann seid nicht mehr ihr es, die ihr dem Hund ständig auf die Pelle rückt, sondern er klebt an euch. Weil er nie gelernt hat, für sich zu sein, und denkt, dass es euch nur im Doppelpack gibt. Manche Hunde entwickeln sich zu regelrechten Stalkern und laufen ihren Frauchen und Herrchen die ganze Zeit überall hinterher. Die finden das oft auch noch süß und halten es für ein Zeichen echter Verbundenheit. Dabei ist es absolut nicht erstrebenswert, dass ein Hund mit auf die Toilette geht, automatisch mit ins Schlafzimmer marschiert oder dass man noch nicht mal kurz zur Tür rausgehen kann, ohne dass er anfängt zu bellen oder zu jaulen. Da gilt es sich wirklich abzunabeln und dem Hund zu zeigen, dass er keine Verlustangst haben braucht und auch keinen Kontrollwahn entwickeln muss. Denn spätestens wenn ihr mal mit eurem Partner im Schlafzimmer allein sein oder auf der Couch kuscheln möchtet, braucht ihr keinen Hund dabei. Das vergessen viele leider. Und sie wissen auch nicht, dass sie durch unverhältnismäßige Aufmerksamkeit, gerade am Anfang der Beziehung, den Grundstock für so ein Verhalten legen. Indem sie den Neuzugang auffordern, überallhin mitzukommen, oder im anderen Fall, weil sie zulassen, dass der Hund ständig überallhin mitläuft. In beiden Fällen lernt der Hund, dass er nicht alleine bleiben kann. Nie. Und deshalb jault oder bellt er dann irgendwann die ganze Nachbarschaft zusammen, wenn sein Mensch nur mal kurz einkaufen geht.

Meine kleine Ola ist so eine Stalking-Kandidatin. Sie ist ein ehemaliger Kettenhund, wobei sie im Gegensatz zu Canela nicht nur ein paar Monate gefangen war (schlimm genug!), sondern neun Jahre. Wenn man sie anfangs anfassen wollte, hat sie sich weggeduckt und gezittert wie Espenlaub. Ihre Haut war verbrannt, die Hornhaut »verblitzt«, weil sie die meiste Zeit in der prallen Sonne gelegen hatte. Ola symbolisiert für mich Hoffnung. An ihr sieht man, dass auch aus dem traumatisiertesten und isoliertesten Hund wieder eine ganz »normale«, ausgeglichene Fellnase werden kann.

Als Ola endlich zu uns kam, fing sie direkt an mich zu stalken. Sie war definitiv nicht der Hund, der irgendwo verstört in der Ecke lag. Stattdessen folgte sie mir auf Schritt. Es war, als würde sie denken. »Du bist mein Retter. Und wenn du jetzt gehst, dann geh ich mit. Ganz egal, wohin. Und wenn du die Tür zumachst, dann fange ich an zu heulen.«

Am Anfang war das wirklich eine Aufgabe für mich. Da war dieser arme gerettete Hund, froh, endlich einen Menschen zu haben, bei dem er leben konnte, und

Meine Ola! Sie zeigt mir immer wieder, wie klein der Unterschied zwischen Kuscheln-Wollen und Stalken manchmal sein kann und wie wichtig deswegen liebevolle Konsequenz ist. Denn auch in einem eingeschworenen Team müssen beide mal eigene Wege gehen können.

ich habe mein ganz »normales« Programm durchgezogen. Das hat mir teilweise echt das Herz gebrochen. »Klar weint sie«, dachte ich bei mir, »weil sie jetzt wieder allein gelassen wird. Sie ist schließlich schon so viel allein gelassen worden.« Ola tat mir wirklich leid. Aber ich bin über meinen eigenen Schatten gesprungen und habe mir selbst immer wieder gesagt: »Andy, komm, lass dich nicht erweichen. Wenn die jetzt noch fünf oder sechs Jahre lebt und die ganze Zeit rumheult, wenn du rausgehst, das möchtest du nicht. Da musst du gegensteuern. « Und genau das habe ich dann auch gemacht. Ich bin wie bei einem Welpen immer mal wieder kurz aus dem Raum gegangen und dann wieder reingekommen. Habe mich an den Tisch gesetzt und wenn sie daraufhin an mir hochgesprungen ist, habe ich sie ohne viel Gedöns runtergeschickt. Wenn sie sich in ihren Korb gelegt hat, bin ich wieder aufgestanden, wieder rausgegangen, wieder reingekommen, habe mich wieder hingesetzt ... Irgendwann hat sie dadurch verstanden: Der geht zwar weg, kommt aber wieder. Ich kann mich also entspannen.

Es gibt ganz viele Menschen, die Ola echt hässlich finden. Sie sähe aus wie ein Marder, höre ich oft. Ich finde sie gerade deshalb schön, weil sie so hässlich ist. Wobei hässlich und schön eine reine Ansichtssache ist. Sie hat so etwas hundeuntypisches, auch wie sie läuft (da erinnert sie übrigens tatsächlich an einen Marder oder ein Nagetier). Aber wenn man sieht, wie dankbar sie ist, wenn sie auf den Arm genommen wird und Zuwendung bekommt, geht einem das Herz über. Deswegen musste selbst ich noch mal lernen, ihr nicht zu viel Aufmerksamkeit zu geben. Sie nimmt dich sonst zu sehr ein. In dieser Hinsicht ist sie ganz anders als die anderen. Molly zum Beispiel. Bei ihr kommt es mir vor als würde sie denken: »Wenn du mich beachtest, ist das okay. Aber wenn du es nicht tust, ist es genauso okay. Mir egal. Ich fühle mich trotzdem gut.«

Ola dagegen fängt bis heute immer wieder an, mich zu stalken, sobald ich ihr zu viel Aufmerksamkeit schenke. Es ist also nur zu ihrem Besten, wenn ich mich diesbezüglich etwas zurücknehme. Was mir zugegebenermaßen am Anfang wirklich schwerfiel. Heute übrigens auch immer wieder mal. Vor allem dann, wenn sie mich mit ihrem lustigen und liebevollen Heulen emotional einfängt. Ihre Geschichte berührt mich halt immer wieder in der Gegenwart. Kleiner, alter, liebebedürftiger Hund aus dem Tierschutz trifft auf Spezialisten mit Helfersyndrom. 1:0 für Ola! Ich finde unglaublich spannend, dass man als erwachsener Mann von so einem winzigen Wesen noch mal lernen darf, was es heißt, konsequent zu sein.

Damit wir uns nicht falsch verstehen: Ihr müsst euren Hund nicht ignorieren, wenn er zu euch kommt. Ich halte überhaupt nichts von dieser emotionalen Kälte, die bei Hundehaltern und Trainern oft mitschwingt. Worauf es ankommt, ist die gesunde Mischung zwischen Distanz und Nähe. Ein beiläufiges Wort oder kurzes Streicheln reichen eurer Fellnase schon, um zu merken, dass ihr euch freut, sie zu sehen. Danach könnt ihr mit dem weitermachen, was ihr eben gerade so macht. Und euer Hund kann zur Ruhe finden und entspannen. 100 Prozent Fokus auf den Hund ist immer gefährlich. Damit machen wir den Hund abhängig von uns und genauso machen wir uns abhängig von seinem Verhalten. Weil wir irgendwann versuchen, jedes noch so kleine Signal zu deuten.

Mensch und Hund müssen beide lernen, loszulassen. Jeder sollte ein bisschen mehr Raum bekommen. Wichtig ist aber, es nicht übers Knie zu brechen, sondern den Hund langsam an die neue Herausforderung zu gewöhnen. Ihn also erst einmal nicht zu lange in einen Stresszustand zu versetzen. Wie so oft kommt es aufs Timing an. Wenn der Hund beim Alleinsein-Üben zum Beispiel fiept oder bellt, weil ihr ihn zurückgelassen habt, kommt genau dann zurück, wenn er das gerade nicht macht. Anderenfalls würde er sich ja darin bestätigt fühlen, dass er nur genug rumlärmen muss, damit ihr wiederkommt.

Ganz wichtig ist auch, ihn bei der Rückkehr weniger zu beachten. Denn dann schenkt er dir auch weniger Beachtung – und dass erleichtert ihm die Sache mit dem Alleinbleiben ungemein. Bitte immer nur erwünschtes Verhalten bestärken.

JEDER HUND IST EINE TYPE

Der Vollständigkeit halber muss hier natürlich gesagt werden, dass nicht jeder Hund am Anfang so unsicher ist wie unsere Canela. Nicht einmal jeder Tierschutzhund. Manchmal gibt es tatsächlich auch solche, die sich wie im Flug an die neuen Gegebenheiten anpassen, pflegeleicht sind und so gut wie keinen Stress machen und haben. Diese »Allrounder« kommen und sind da und man wundert sich, dass man gar nichts machen braucht. So wie meine Ömmi. Sie wurde in Rumänien auf der Straße eingefangen und kam dann in die Smeura, das größte Tierheim der Welt. Über 6000 Hunde leben dort – ausgesetzte, verletzte, kranke, misshandelte. Bei einem meiner Besuche dort habe ich sie gesehen. Ihre bernsteinfarbenen Augen haben mich sofort gefangen. Gemeinsam mit vier anderen Hunden ist sie mit mir nach Deutschland gekommen – und einfach bei mir geblieben.

Als Ömmi hier zur Tür hereinkam, hat sie sich einmal kurz umgeschaut und dann hat sie sich in den Flur gelegt und ist dort liegengeblieben, als hätte sie seit ihrer Geburt nichts anderes getan. Sie machte keine Probleme beim Füttern, war sofort stubenrein, beim Spazierengehen total umgänglich mit anderen Hunden und Menschen und lief super an der Leine. Meine Marie war ja auch schon immer extrem tiefenentspannt. Aber dass ein Hund neu ankommt und sofort einfach nur da ist, das hatte ich bis dahin wirklich noch nicht erlebt.

Das Einzige, was Ömmi gar nicht mochte war betüddelt zu werden. Beugte man sich über sie, um sie zu knuddeln, schreckte sie auf und ging weg. Kein Kopfeinziehen, kein Knurren, kein Schnappen, kein Wegspringen. Einfach aufstehen und weggehen. Als wollte sie sagen: »Ich brauch das nicht. Ich habe das bisher nie bekommen und ich brauche es auch in Zukunft nicht.« Wenn ich neben ihr saß und sie kraulte, fand sie das super. Aber zu nah war nichts für sie. Die Individualdistanz ging ihr über alles.

Solche persönlichen Befindlichkeiten zu akzeptieren, finde ich enorm wichtig. Ein Hund muss sich nicht alles gefallen lassen. Er darf auch Nein sagen und er darf auch deutlich zeigen: »Ja, du kannst mit mir ganz viele Sachen machen, aber genau diese Sache mag ich nicht. Beug dich nicht über mich und erdrück mich nicht mit deiner Liebe. Dafür bin ich der Falsche.«

Aber Vorsicht, hier muss man schon unterscheiden. Gerade bei jungen Hunden sollte man von Anfang an üben, sie zu festzuhalten beziehungsweise sie überall anfassen zu dürfen. Denn spätestens, wenn sie zum Tierarzt müssen, müssen sie stillhalten. Man muss ihnen zum Beispiel die Lefzen hochziehen, in die Ohren und zwischen die Pfoten schauen können, ohne dass man ihnen dafür erst einmal einen Maulkorb anziehen muss. Bei solchen Dingen sollte euer Hund mitmachen. Aber ansonsten gehöre ich definitiv zum Team »Respektiert euren Hund und akzeptiert auch schon mal ein Nein«.

Sieben Jahre saß Ömmi in einem Zwinger der rumänischen Smeura, dem größten Tierheim der Welt. Dann endlich begegneten sich unsere Herzen und unsere Liebe begann.

Schon als ich Beijo (rechts) und ihre Schwester Hazel das erste Mal sah, war es um mich geschehen. Was mal wieder zeigt: Auch als erfahrener Profi ist man nicht davor gefeit, sich schockzuverlieben.

Apropos Respekt: Neben den Unsicheren und den »Allroundern« gibt es natürlich noch die Vorwitzigen, die uns mindestens genauso fordern wie Canela Nadine, wenn auch auf ganz andere Art und Weise.

Meine Beijo ist das Paradebeispiel für so einen Rotzlöffel. Unsere Geschichte begann wie die von Canela in Portugal. Ich besuchte dort während eines Urlaubs an der Algarve eine Tierschutzfreundin. Wir liefen ein bisschen in ihrem Shelter herum, sie zeigte mir dies und erzählt mir das, als auf einmal ein kleiner weißer Hund auf mich zukam – so ausgesprochen süß, dass ich ihn einfach sofort auf den Arm nehmen musste. Und wie es halt so kommt, hat sich der Winzling direkt so richtig reingeschmust. Ich war entzückt. »Nicht dein Ernst«, meinte meine Freundin nur. »Doch «, stammelte ich, und merkte, dass sich dabei glatt ein paar kleine Tränchen ansammelten. »Was ist los mit dir?«, fragte sie erstaunt. »Ich glaub, ich hab mich verliebt.« Und dann schickte ich noch schnell ein »Nehmt mir bloß diesen Hund weg!« hinterher.

Ich habe das Fellknäuel dann eine Weile beobachtet und erfuhr, dass es schon so gut wie nach England vermittelt war. Ich merkte, dass ich darüber richtig enttäuscht war. Dieses winzige Etwas von einer Hündin hatte genau diese Kombination aus verspielt, frech und süß, die ich so mag. Dieses »Ich schau vielleicht niedlich aus, aber deswegen lass ich mir noch lange nicht alles sagen«, war genau mein »Beuteschema«. Ein eigener Kopf, das spiegelt mich schließlich auch selbst so ein Stück weit wider. (Wir bekommen ja immer den Hund, an dem wir wachsen dürfen und in dem wir uns spiegeln.)

Meine Tierschutz-Freundin unterbrach meine Gedanken. »Also, wenn du ernsthaft überlegst, den zu nehmen, den gibt es nur im Doppelpack.« In dem Moment kam auch schon ihre Schwester um die Ecke. »Ist nicht dein Ernst«, stöhnte ich. »Doch! Nur eine kannst du nicht nehmen. Die müssen auf jeden Fall zusammenbleiben.« Das auch noch. Ich musste schnellstens hier weg …

Ich bemühte mich den Rest des Nachmittages wirklich, nicht mehr an die beiden Kleinen zu denken. Aber wie das so ist, wenn man sich schockverliebt, machte mir mein Herz einen Strich durch die Rechnung. Trotzdem fuhr ich erst einmal allein wieder ab. Lang hielt ich es aber nicht aus. Bereits am nächsten Tag rief ich meine Freundin an. »Sag mal, sind die wirklich schon vermittelt? Also wenn da noch irgendwas zu machen ist, ich würde die nehmen.«

Tja und so kam es. Ein paar Tage später war ich nochmal dort. Ich habe die Kleine hochgenommen und man hat direkt Herzen und Sternchen fliegen sehen. Das Video von uns, das ich damals hochgeladen habe, hat sofort wer weiß wie viele Klicks bekommen. Die Leute waren anscheinend genauso geflasht wie ich: Der »Papa« mit seinem kleinen Welpen schmolz in dessen Pfoten dahin. Milcheinschuss bei Männern, sage ich da nur. Kurz darauf saß ich im Flieger zurück nach Deutschland – in Begleitung zweier überaus niedlicher Hundedamen: Beijo und Hazel.

Momentan stecken die beiden mitten in der Pubertät und vor allem Beijo muss man alles dreimal sagen. Man könnte fast denken, dass mit ihren Ohren etwas nicht stimmt. Beim Spazierengehen fängt sie manchmal an, Leute anzupöbeln, vor allem wenn wir zwei allein unterwegs sind und sie keine anderen Hunde hat, an denen sie sich orientieren kann. Dann hat sie eine große Klappe und »ruft« schon mal über die Straße: »Hey, das ist meine Straße, klar?« Und wenn Beijo irgendwas im Garten »findet«, legt sie es mir vor die Haustür. Als wäre ihre Oma eine Katze gewesen.

Bis zu einem gewissen Grad finde ich ja lustig, wie dreist sie ist. Wie gesagt: Ich mag Hunde, die ihren eigenen Kopf haben, dafür aber einen Charme, der den größten Eisberg zum Schmelzen bringt. Wenn ich mal strenger mit Beijo bin, macht sie sich sofort ganz klein, als wollte sie mir sagen: »Was? Das meinst du doch nicht ernst? Schau doch mal. Ich bin so winzig. Wie könnte ich da irgendwas anstellen?

Meistens sind meine beiden kleinen Ratoneros ein Herz und eine Seele. Aber sie haben wirklich Hummeln im Hintern und manchmal denke ich, es wäre leichter, einen Sack Flöhe zu hüten. Aber ich weiß: Jede Phase geht vorüber, scheint sie auch noch so anstrengend.

Mit der Ratte auf der Fußmatte habe ich gaaar nichts zu tun. Ach, übrigens, ich muss dann mal kurz weg. Da hinten raschelt irgendein Viech im Gebüsch ...«

Ich sag's ja: Schlaue Hunde wie Beijo sind anstrengend, aber eben auch lustig und so herzerwärmend. Einfach nur schrecklich unwiderstehlich. Aber bevor ich hier ein Liebeslied auf meine Ratoneros anstimme, zurück zu Canela ...

»Ich lag nach wie vor auf dem Boden und beobachtete Nadine. Auch wenn ich ihre übertriebene Aufmerksamkeit recht anstrengend fand, begann ich mich mit der Idee anzufreunden, dass ich vielleicht bei ihr bleiben würde. Trotz aller Fahrigkeit strahlte sie schließlich eine gehörige Portion Herzenswärme aus und wenn ich ehrlich war, hatte ich so ein bequemes Plätzchen zum Schlafen bisher auch noch nie gehabt.

Es gehört schon eine große Portion Vertrauen dazu, sich ganz in die Arme eines anderen fallen zu lassen. Auch in diesem Punkt unterscheiden sich Hunde nicht groß von Menschen. Und manche brauchen einfach Zeit, damit dieses Vertrauen wachsen kann.

Leider blieben wir nicht allein. Irgendwann hörte ich erst ein Geräusch an der Tür und dann betrat Daniel das Zimmer. Ich wusste natürlich längst, dass er es war, denn ich spürte seine Energie und seinen Duft hatte ich sowieso schon eingespeichert. Sofort fühlte ich mich noch ein wenig unbehaglicher in meiner Haut. Was mich außerdem stutzig machte, war, dass sich Nadines Aura sofort veränderte, als sie ihn bemerkte. Obwohl sie noch kein Wort miteinander gewechselt hatten, schien ihre gute Energie verflogen. Sie wirkte kälter und unfreundlicher. Nicht gut!

Ich verspürte einen leichten Druck auf meiner Brust, als er sich mir näherte. Wer weiß, was gleich passieren würde. Als er sich über mich beugte und seine Hand in Richtung meines Kopfes ausstreckte, duckte ich mich vorsichtshalber kurz weg. ›Was ist denn jetzt schon wieder‹, stöhnte Daniel gedehnt auf. ›Du

> ***brauchst doch keine Angst vor mir zu haben.‹ Vielleicht sagte er ja irgendetwas Nettes, aber so, wie er es sagte, hörte es sich für mich irgendwie bedrohlich an. Und was in meinen Augen noch schlimmer war: Seine Hand kam immer weiter auf mich zu. Am liebsten hätte ich mich davongemacht, auf der Straße hätte ich in so einer Situation vielleicht auch mal die Zähne gefletscht, aber jetzt war ich wie starr vor Schreck. Zu meiner Erleichterung richtete er sich wieder auf und zischte nur: ›Der Hund ist ja verhaltensgestört.«***

Sorry, Canela, hier muss ich noch mal kurz reingrätschen. Klar kann man seinem Hund auch mal die Meinung sagen, also etwas lauter oder strenger im Ton werden. Und man kann auch mal etwas tun, was ihm nicht so gut gefällt, zum Beispiel ihm die Ohren putzen oder Augentropfen geben. Normalerweise wird er damit kein Problem haben. Aber dieser Hund ist gerade erst angekommen, ist völlig überfordert und zu einem gewissen Grad auch traumatisiert durch seine Vergangenheit. Wenn der Mensch dafür kein Verständnis hat, stellt sich schon die Frage, ob er überhaupt bereit ist für einen Hund, speziell für einen Hund, der schon eine Geschichte hat.

BEREIT FÜR NEUE HERAUSFORDERUNGEN?

Bei mir blinken da gleich alle Warnlämpchen auf. (Eigentlich haben sie schon bei der Sache mit dem Pinkeln signalrot geblitzt.) Haben Nadine und Daniel vorher ausreichend besprochen, ob beide bereit für ein vierbeiniges Familienmitglied sind? Oder hat Daniel nur mitgezogen, um Nadine einen Gefallen zu tun oder weil er keine langwierige Diskussion vom Zaun brechen wollte?

Falls ich ihm gerade unrecht tue und er tatsächlich bereit dafür war, dann darf er sich jetzt an einen Hund anpassen, der schlechte Erfahrung gesammelt hat, und ihm neue positive Verknüpfungen anbieten. Tut er das nicht, gibt es ein Problem – und zwar nicht nur zwischen ihm und dem Hund, sondern auch zwischen ihm und seiner Partnerin sowie in der Dreierkonstellation Hund-Frau-Mann. Denn irgendwann wird die Frau dann hingehen und sagen »Du magst sie gar nicht« und der Mann wird antworten »Und du magst sie mehr als mich«. Er wird sich zurückgesetzt fühlen und sie wird merken, dass seine kühle Art nicht nur auf den Hund wirkt, sondern – und da kommen wir zum Punkt – auch ein Stück weit auf sie. Eventuell hat sich da ja schon länger etwas angestaut und jetzt wird ihr durch die Hündin und deren ängstliches Verhalten bewusst, dass sie sich auch schon länger nicht mehr richtig wohl in ihrer Beziehung fühlt. Nicht, dass sie Angst vor ihrem Partner hätte, aber die Energie, die ihn umgibt, ist eben auch nicht die positivste. Aber ich greife hier schon wieder mal vor …

Wenn ihr euch als Paar oder Familie einen Hund ins Haus holen wollt, müsst ihr vorher ganz offen darüber sprechen und euch austauschen. Es sollte von vornherein klar sein, wer welche »Opfer« bringen will. Ob ihr gemeinsam versuchen wollt, dieses Boot durch die hohe, manchmal auch unausweichlich stürmische See zu schippern und in den sicheren Hafen zu lenken. Oder ob eigentlich nur einer den Hund will und der andere unbewusst gegensteuert. Dann gibt es nämlich erfahrungsgemäß immer irgendwelche Probleme.

Vermutlich kommt in diesem Fall irgendwann ein Coach in Form eines Hundetrainers oder einer Hundetrainerin ins Spiel, der beziehungsweise die helfen soll – und das oft auch kann (kleiner Spoiler: So wird es auch bei Nadine, Daniel und Canela sein). Er oder sie wird gerufen, weil der Hund Pipi in die Wohnung macht. Weil er beim Spaziergang an der Leine zieht. Andere Hunde und/oder Menschen anbellt. Nicht allein zu Hause bleiben kann, ohne die halbe Wohnung zu zerlegen oder die gesamte Nachbarschaft zusammenzujaulen. Oder, oder, oder.

Einem guten Coach fällt dann vielleicht auf: Hey, hier liegt spürbar Spannung in der Luft. Einer von den beiden findet den Hund gar nicht so prickelnd. Er findet ihn vielleicht ganz okay, aber das war's dann auch schon. Mehr ist nicht. Und der andere schüttet im Gegensatz dazu seine gesamte Liebe über dem Hund aus und schenkt ihm unglaublich viel Aufmerksamkeit – was in der Regel leider viel mehr ist, als guttut. (Genauso scheint es übrigens bei Canela zu sein.)

Was viele nicht bedenken: Das beeinflusst auch die Beziehung zwischen den Menschen. Bildlich gesprochen sitzt einer auf dem Sofa, den Hund neben sich, und der andere sitzt allein auf dem Sessel – und dazwischen tut sich nicht selten ein Graben auf.

Aber versetzen wir uns doch mal in Daniel, der offensichtlich schon eine gewisse Abneigung gegen Canela hat, weil sie nicht so »funktioniert«, wie er es gerne hätte. Ja, auch er wollte eigentlich einen Hund. Aber er wollte ganz bestimmt keinen Hund, der mit seiner Frau enger ist als mit ihm. Schließlich hat er selbst einen Anspruch auf Nadine, auf die Beziehung zu ihr. Und ihm fehlt die Selbstliebe. Wer sich selbst nicht liebt, kann nicht wirklich und wahrhaftig lieben.

Es lohnt sich, als Hundehalter ab und zu mal innerlich einen Schritt zurückzutreten und die Situation mit etwas Abstand zu betrachten, um zu erkennen, was es wirklich braucht.

Man liebt dann augenscheinlich nur aus dem Gedanken heraus, es für sein Gegenüber zu tun – in der Hoffnung dadurch selbst mehr geliebt zu werden. Selbstliebe bedeutet für mich, sich so anzunehmen, wie man sich gerade in diesem Augenblick fühlt. Selbstliebe ist die Bereitschaft, anzunehmen und loszulassen.

Vielleicht war der Hund für die beiden unterbewusst der Versuch, ihre Beziehung zu retten. Vielleicht wollte Nadine mehr Gefühl leben und Daniel wollte ihr den Gefallen tun und dachte, das würde sich schon einspielen mit einem Hund. Das ist übrigens gar nicht so selten: Man lenkt sich ab, hat wieder etwas, was einander verbindet. Vor allem aber kann man sich – etwas überspitzt gesagt – um den Hund kümmern, statt umeinander. Um die Probleme mit der Fellnase, statt um die Probleme in der eigenen Beziehung.

Es könnte ja wohl nicht so schwer sein, einen Hund zu erziehen, dachte Daniel womöglich. Noch dazu einen, der sicher froh wäre, wenn er von der Straße in ein sicheres Zuhause käme. Schließlich würde es ihm dann doch so viel besser gehen. Nie war ihm dabei in den Kopf gekommen, dass so ein Hund vielleicht erst einmal verunsichert sein könnte. Dass er nicht stubenrein wäre. Dass man mit ihm arbeiten müsste. Und vor allem, dass man auch an sich selbst arbeiten müsste. Dürfte.

DAS KÖNNT IHR FÜR EUCH UND EUREN HUND MITNEHMEN

- Sprecht im Vorfeld über euren Wunsch nach einem Hund. Nur wenn alle an einem Strang ziehen, kann es in die richtige Richtung gehen.

- Seid verständnisvoll, wenn ein Hund bei euch einzieht. Was für euch euer Zuhause und der ganz normale Alltag ist, ist für euren vierbeinigen Neuzugang erst einmal völlig ungewohnt und unbekannt.

- Überfordert euren Hund nicht – weder durch zu viel Aufmerksamkeit, noch durch zu viele Angebote (Futter, Spielzeig etc.) oder dadurch, dass ihr zu viel von ihm erwartet.

- Legt euren Fokus nicht zu 100 Prozent auf den Hund. Findet die richtige Mischung aus Nähe und Distanz. Jeder sollte seinen Raum haben.

- Die wenigsten Hunde sind stubenrein. Ja, das ist lästig, geht aber, wenn ihr konsequent bleibt, auch recht schnell vorüber. Also: nach dem Schlafen, Fressen und Spielen immer direkt raus (nicht nur bei Welpen).

- Der Hund soll sich an Menschen orientieren, nicht der Mensch am Hund. Gestaltet also euren Alltag wie immer und packt den Hund nicht bewusst in Watte. Verlangt eurer Fellnase aber auch nicht zu viel auf einmal ab.

- Nicht alle Hunde sind gleich. Aber alle brauchen eine klare Struktur, Souveränität, Regeln und liebevolle Konsequenz.

Ich genieße es, inmitten meiner Rasselbande in die Welt der Gefühle einzutauchen und ihre geerdete Energie zu tanken. In solchen Situationen werde ich direkt ins Hier und Jetzt katapultiert und lebe den Moment mit allen Sinnen.

Ein Leben ohne Hunde ist für mich einfach nicht vorstellbar. In ihrer Gesellschaft fühle ich mich als Teil der Natur. Sie haben mich Geduld und Ruhe gelehrt – und die Kunst, den Augenblick zu genießen.

3

Beziehung statt Erziehung

Wir erwarten von unseren Fellnasen viel zu oft, dass sie einfach »funktionieren«. Aber sich in unserer Menschenwelt zurechtzufinden ist gar nicht so leicht. Was Hunde daher brauchen, sind starke Vorbilder, die selbst ruhig und souverän vorangehen.

SPAZIERGANG MIT HINDERNISSEN

Wenn ich Hundehalter frage, warum sie sich eine Fellnase in ihr Leben geholt haben, höre ich ganz oft, dass sie einen Partner an ihrer Seite haben wollten, der sie in allen Lebenssituationen begleitet. Dem sie ihre Geheimnisse anvertrauen, bei dem sie lachen und weinen und einfach so sein können, wie sie wirklich sind. Sie wünschen sich einen Weggefährten, der mit ihnen durch dick und dünn geht.

Dicht gefolgt kommt gleich auf Platz 2 die Sehnsucht nach mehr Natur. Mehr Ursprünglichkeit, die in unserer modernen Welt oft verloren gegangen ist. Diese Menschen wollen weg vom Kopfgesteuerten, hin zu mehr Bauchgefühl und Herz. Deswegen stehen die gemeinsamen Spaziergänge ebenfalls ganz oben auf der Wunschliste. Und am liebsten würden die meisten gleich am ersten Tag damit anfangen. »Halt, Stopp«, würde ich diesen Menschen gerne zurufen. »Lasst euch Zeit. Zeit zum Ankommen.« Ihr müsst nicht sofort ausgiebig mit eurem neuen Mitbewohner spazieren gehen. Stichwort: Überforderung – was übrigens ganz oft nicht nur den Vier-, sondern auch den Zweibeiner betrifft. Der braucht schließlich auch ein bisschen Zeit, um sich zumindest ansatzweise ein Bild von seinem Hund machen zu können.

So gesehen war Nadines Idee, mit Canela erst mal nur in den Garten zu gehen, gar nicht so schlecht. Für den Anfang genügt das völlig. Allerdings muss man dem Hund den Garten genauso Schritt für Schritt zeigen, wie das Haus oder die

Wohnung. Zu denken, er würde sich dort gleich pudelwohl fühlen, weil er sich frei darin bewegen kann, ist leider ein Irrtum. Am besten nimmt man ihn die ersten Male sogar an die Leine und führt ihn ruhig herum. So kann man auch lenken, wo er nicht hin soll, beispielweise an einen Teich oder in ein Beet. Oder durch das Loch hinten im Zaun ...

Die Leine hat auch den Vorteil, dass ein Hund mit ausgeprägtem territorialem Verhalten dieses nicht gleich so ausleben kann, wie er es vielleicht möchte. Er kann dann nämlich nicht direkt ans Tor laufen und zu bellen anfangen, nur weil da gerade jemand vorbeiläuft. Er kann auch nicht direkt den Nachbarn am Zaun anbellen, der herüberschaut, und »Hallo« sagt. Durch die Leine könnt ihr euren Hund in dieser Situation erst einmal auf Abstand halten und ganz entspannt ein paar Worte über den Gartenzaun hinweg austauschen. So gewöhnt er sich an Nachbars Stimme und erkennt, dass es völlig normal zu sein scheint, dass da noch ein Mensch ist und dass sein Mensch offensichtlich überhaupt kein Problem damit hat. Warum sollte er also eins damit haben?

Im besten Fall hat der Nachbar natürlich Verständnis (und das werden die meisten sicher haben). Ich würde ihn sogar bitten, in den nächsten Tagen immer wieder auch mal kurz an den Zaun zu kommen und nach ein paar Tagen vielleicht sogar mal zu mir rüber, damit der Hund ihn Schritt für Schritt kennenlernen kann. Davon profitiert er ja selbst schließlich auch, weil der Hund dann nicht mehr bellt, sobald er ihn sieht. Ein Gewinn für alle Parteien.

Der Hund muss übrigens auch nicht jedes Mal gleich den ganzen Garten durchstreifen, wenn er sich eigentlich nur kurz draußen lösen soll. Ihr könnt ihn dazu auch einfach nur kurz rausbringen und dann gleich wieder reingehen. Auch deswegen empfehle ich, anfangs immer mit der Leine rauszugehen. Dann kann er nämlich nicht »ausbüchsen« und ihr bestimmt, wann es wieder reingeht. Ohne »Fangenspielen« und »Überredungskünste«.

Wenn ihr natürlich selbst Lust habt, gemeinsam (!) mit dem Hund ein bisschen den Garten zu erkunden: nur zu. Aber bitte in Maßen. Ich würde ihn nicht überschütten mit Außenreizen und ständig auf ihn einreden, ihn mal hierhin, mal dorthin ziehen oder zum Spielen auffordern (»Schau mal, das ist ein Teich und da sind Fische drin. Die darfst du aber nicht fangen«. »Und guck, da drüben wohnt die Frau Schmied. Die mag Hunde. Wirst sehen, mit der verstehst du dich bestimmt super.« »Nicht erschrecken, das ist nur ein Flugzeug, das ein bisschen zu tief fliegt.« »Magst du spielen. Hier habe ich einen Ball.«) Ich weiß, die Menschen meinen es nur gut damit und wollen, dass sich ihr neues Familienmitglied bei ihnen so schnell wie möglich zu Hause fühlt. Aber ich kann es nur immer wieder sagen: Zu viel Input kann dem Hund schnell zu viel sein, er ist das alles ja nicht gewohnt. Die Umgebung, die Geräusche und Gerüche sind alle noch neu für ihn. Vielleicht mäht irgendwo jemand Rasen, vielleicht hupt auf der Straße gerade ein Auto oder es bellt, wie bei Canela, ein Hund in der Nachbarschaft …

Territoriales Verhalten ist allen Hunden angeboren, den einen mehr, den anderen weniger. Aber mit unserer Hilfe können sie lernen, die Kontrolle abzugeben und gelassen zu bleiben.

Bei jedem Spaziergang könnt ihr eurer Fellnase zeigen, dass sie sich zu 100 Prozent auf euch verlassen kann. So gesehen ist Gassigehen wie Superkleber für die Beziehung.

Das ist schon alles aufregend genug, da muss man nicht extra für noch mehr Aufregung sorgen.

Besser ist es, man setzt sich selbst hin oder legt sich auf eine Liege und entspannt sich. Den Hund immer noch an der Leine neben sich. Man kann auch ein Buch lesen oder meinetwegen am Handy sein. Hauptsache, man ist locker und gibt dem Hund das Gefühl, dass man hier, in diesem Garten gut aufgehoben und keinen Stress haben muss. Egal, ob jemand am Zaun vorbeigeht. Egal, ob die Nachbarn nebenan auf der Terrasse Kaffee trinken. Der Hund soll spüren, dass das alles völlig normal ist. Deswegen müsst ihr es auch nicht kommentieren oder versuchen, ihn durch Streicheln zu beruhigen. Geht einfach mit gutem Vorbild voran, indem ihr selbst ganz entspannt bleibt und nicht groß auf das, was passiert, reagiert. Auf diese Weise kann er sich an euch orientieren, sich selbst beruhigen und in eure positive Energie kommen.

Das mit dem Überfordern gilt natürlich genauso, wenn ihr in einer Wohnung lebt und mit dem Hund auf die Straße müsst, damit er sein Geschäft erledigen kann. Ihr braucht auch dann nicht gleich einen Riesenspaziergang zu unternehmen. Es genügt, wenn er erst mal die nächste Ecke kennenlernt, wo er das erledigen kann, wenn es mal schnell gehen muss (Wegräumen danach natürlich bitte nicht vergessen). Ansonsten gilt hier Ähnliches wie für Gartenbesitzer: Alles ist ganz normal, nichts muss »künstlich« mit Bedeutung aufgeladen werden. Ob Kinder auf dem Roller, Fahrradfahrer, Spaziergänger, ein parkendes Auto oder ein Moped mit Fehlzündung: alles ganz normal. Wenn ihr selbst unaufgeregt und ruhig bleibt, helft ihr eurem Hund in den meisten Fällen, es auch zu bleiben.

Versucht bitte, euren Hund schrittweise an Außenreize zu gewöhnen. Sollte er bei stressigen Situationen panisch reagieren, haltet keine Predigt über sein Verhalten. Versucht, zielstrebig und konsequent durch die Situation zu gehen. Ich weiß, dass das sehr schwer ist. Aber habt Geduld mit euch und eurem Vierbeiner.

Körperkontakt ist für Hunde wichtig und kann eine Motivationshilfe oder auch ein Lob sein. Denn er hilft, Stress abzubauen und die Bindung zu verstärken. Allerdings ist es immer auch eine Typfrage: Nicht jeder Hund will gleich viel kuscheln und gekuschelt werden.

Vielleicht hilft auch ein Lieblingsspielzeug oder das Superleckerli, um den Vierbeiner aus seiner Stimmungslage zu holen. Ein gemeinsamer entspannter Spaziergang oder Spielen mit dem Hund kann zu mehr Gelassenheit und Selbstvertrauen führen. (Und vor allem denkt bitte immer daran, den Hund mit einem Sicherheitsgeschirr zu versehen und an der Leine zu führen. Das ist in extremen Fälle seine Lebensversicherung.)

UNTERWEGS AUF SECHS FÜSSEN

Allzu lang warten würde ich mit dem »richtigen« Gassigehen allerdings auch nicht, denn es soll ja Teil eures Alltags werden und daher solltet ihr es nicht auf die lange Bank schieben, euren Hund daran zu gewöhnen. Ich habe schon Hunde gesehen, die sich schier geweigert haben, »ihr« Grundstück zu verlassen, weil sie einfach nie gelernt haben, dass die Welt außerhalb des Gartenzauns noch weitergeht. Dasselbe gilt übrigens auch, wenn euer Hund später einmal allein zu Hause bleiben soll. Auch da solltet ihr frühzeitig beginnen das einzuüben, aber das habe ich ja vorne schon geschrieben. Deshalb hier gleich wieder zurück zum ersten gemeinsamen Spaziergang. Ich würde ja zu gerne wissen, wie Canela den empfand. Ihr auch?

»Es kam mir wie eine Ewigkeit vor, dass mich Daniel zu Nadine ins Auto gehoben hatte und wir hierher gefahren sind. Ich war so erschöpft, dass ich irgendwann tatsächlich in meinem neuen Korb einschlief. Die alte Decke roch nach zu Hause, doch jedes Mal, wenn ich nachts aufschreckte, weil ich ein bisher unbekanntes Geräusch hörte, wurde mir schmerzhaft bewusst, dass ich mein altes Leben wohl nicht zurückbekäme. Aber war das wirklich so schlimm? Die letzten Monate an der Kette waren die Hölle und zumindest Nadine schien mir ein liebevoller Mensch zu sein, der mich sicher besser versorgen und weder treten noch schlagen würde. Bei Daniel allerdings war ich mir ehrlich gesagt noch nicht ganz sicher …

Irgendwann am nächsten Tag, es war schon längst hell und ich hörte draußen seit Stunden die Vögel zwitschern und auch wieder den anderen Hund bellen, kamen Nadine und Daniel zurück in das Zimmer. Sie rochen nach Schlaf. Nadine kniete sich zu mir herunter, streichelte mich und plapperte gleich wieder los. Daniel dagegen sah nur kurz her, grummelte etwas und ging weiter in die Küche. Natürlich verstand ich nicht, was er sagte (›Wenn du zu mir morgens auch mal so zärtlich wärst.‹), aber ich merkte sofort, wie Nadine kurz erstarrte und sich ihre Stimmung änderte. Sie streichelte mich noch fester, kam mit ihrem Kopf ganz nah an meinen und flüsterte mir zu: ›Da ist wohl einer mit dem falschen Fuß aufgestanden.‹ Ich hatte das Gefühl, sie würde mich am liebsten nie mehr loslassen.

Die beiden verschwanden wieder und kamen etwas später zurück, nun umhüllt von einem intensiven Geruch nach Seife, Pfefferminze und Parfüm. Nanu, was war denn jetzt los? Nadine hielt mein Geschirr und die Leine in der Hand. Es ging also wohl wieder in den Garten. Keine schlechte Idee, wie ich fand. Es war schließlich schon einige Stunden her, seit ich das letzte Mal gepinkelt hatte. Aber warum legte sie mir jetzt auch noch ein Halsband um? Es roch komisch und fühlte sich auch nicht gerade angenehm an. Also ver-

suchte ich, es gleich wieder wegzukratzen. Nadine lachte und streichelte mich, aber an meiner Situation änderte sich nichts. Ich konnte mich verrenken, wie ich wollte: Das Halsband blieb dran.

Nadine klickte die Leine an, komischerweise nicht nur an mein Geschirr, wie ich es kannte, sondern auch an das Halsband, und forderte mich mit fröhlicher Stimme auf, aufzustehen. Ganz geheuer war mir das nicht. Gestern hatte sie bei Weitem nicht so viel Aufhebens darum gemacht, in den Garten zu gehen. Wollte sie jetzt also vielleicht doch irgendwo anders hin? Mir wurde mulmig und ich hatte auf einmal nichts mehr dagegen, das mit dem Pinkeln noch ein bisschen aufzuschieben. Eigentlich fühlte ich mich in meinem Korb doch ganz wohl. Zumindest wusste ich, dass mir hier erst mal nichts passieren würde. Ob es woanders genauso sein würde, war ich mir nicht so sicher.

Aus dem Augenwinkel konnte ich sehen, dass sich Nadine irgendetwas in die Tasche schob. Ich hob die Nase: Das roch interessant, zumal ich langsam doch ein wenig hungrig wurde. Die beiden verstanden das wohl als Aufforderung, auf jeden Fall gaben sie mir noch etwas deutlicher als davor zu verstehen, dass sie jetzt starten wollten.

Es ging also auf jeden Fall raus. Aber warum nahm Nadine etwas zum Essen mit? Sollte ich wieder irgendeine lange Reise antreten? Dafür würden diese Minihäppchen ja wohl kaum ausreichen?

Als wir aus der Tür traten, erst Nadine, dahinter ich, sah ich das Auto. Ich zögerte – und spürte direkt, wie sich die Leine spannte und das Halsband leicht auf meinen Nacken drückte. Also trottete ich doch langsam weiter. Ich hatte ja keine Wahl. Die Zeit der Freiheit war vorbei. Es war wohl von nun an mein Schicksal, von einem Menschen zum anderen weitergereicht zu werden. Ich hoffte nur, dass ich nicht wieder zurück an die Kette musste.

Klar gibt es draußen immer etwas Neues zu entdecken. Trotzdem ist es wichtig, dass beim Spaziergang nicht einfach jeder sein Ding macht, sondern ihr auch als Team unterwegs seid. Gerade unsichere Hund brauchen euch unterwegs als souveränes Vorbild.

Zu meinem Erstaunen gingen wir einfach an dem Auto vorbei und liefen weiter die Straße entlang. Ich war baff! Nicht nur, dass sie nicht mit mir wegfuhren. Alles sah auch so anders aus als in meinem Dorf. Die Straße, die Häuser, die Pflanzen ... Außerdem war das Licht deutlich trüber und ich vermisste die leichte Brise des Atlantiks.

Wieder hörte ich diesen Hund bellen – und weil ich es nicht anders kannte, fing ich ebenfalls an zu bellen und ließ mich auf seine Energie ein. Ich spürte, wie sehr Nadine erschrak, aber das hielt mich nicht auf. Ich bellte auch dann noch weiter, als sie anfing auf mich einzureden. Vielleicht sollte mich das beruhigen, aber ich merkte an ihrer Stimme und an ihrer ganzen Art, wie gestresst sie war. Dann fing sie auch noch an, mir etwas von den Leckereien vor die Nase zu halten, die sie vorhin in ihre Tasche gesteckt hatte. ›Guck mal hier, Canela. Leckerchen, Leckerchen, nicht bellen.‹ Ich freute mich. Ich hatte mich

Fast jeder Hund ist offen für Leckerli, denn (es muss hier einfach mal gesagt werden) die meisten Fellnasen sind unglaublich verfressen. Auf Dauer könnt ihr euren Hund aber auch mit einem netten Wort oder einem kurzen Streicheln belohnen. Darüber freut er sich genauso.

wohl getäuscht und es war doch richtig, was ich gerade machte. Also schnappte ich mir das Teilchen, schlang es herunter und dann stimmte ich wieder mit ins Gebell mit ein.«

Ui, hier muss ich jetzt noch mal schnell etwas einschieben: Euer Hund versteht nicht, dass ihr ihn mit Leckerchen ablenken wollt, wenn er etwas macht, was euch nicht gefällt. Dass ihr mit dem Futter eigentlich seine Aufmerksamkeit auf euch lenken wollt. Er verknüpft einfach das Leckerchen mit dem, was er gerade tut. So wie Canela es gerade gedacht hat: »Frauchen gibt mir ein Leckerli, wenn ich belle. Also muss Bellen ja was ganz Tolles sein. Dann mach ich doch mal weiter damit.«

DIE SACHE MIT DEM BELOHNEN

Mit einer Belohnung zum falschen Zeitpunkt könnt ihr ein unerwünschtes Verhalten also nicht beenden, sondern es sogar noch verfestigen. Richtig wäre, den Hund erst einmal ein Stück weit aus der Situation herauszunehmen, seine Aufmerksamkeit erst einmal auf euch zu lenken und ihn dann zu belohnen, wenn er darauf reagiert. Das richtige Timing ist alles.

Ich selbst mache zum Ablenken am liebsten ein kurzes akustisches Signal, schnalze zum Beispiel mit der Zunge oder stoße ein kurze »Bss!«, »He!« oder »Ey!« aus, und wenn der Hund dann zu mir schaut – Tschakka – gibt es ein Leckerchen. Als Belohnung für seine Aufmerksamkeit. Dafür, dass er sich zumindest für den Moment an mir orientiert und nicht, wie unsere Canela es eben getan hat, zum Beispiel an einem anderen Hund.

Geht ihr dann weiter und der Hund schaut zu euch, statt sich gleich wieder »anstecken« zu lassen, gibt es – zack – die nächste Belohnung. Dadurch lernt er recht schnell, dass er nicht fürs Bellen gelobt wird, sondern genau für das Gegenteil, also wenn er möglichst ruhig bleibt und sich auf euch konzentriert. Aber bitte nicht unentwegt mit Leckerlis vollstopfen.

Belohnung heißt übrigens nicht zwingend Leckerchen. Am Anfang finde ich so ein Häppchen zwar recht zielführend, denn die meisten Hunde sind einfach unglaublich verfressen. Wenn eure Fellnase mit der Zeit jedoch immer souveräner wird, könnt ihr sie genauso gut mit liebevoller Zuwendung und einem lieben Wort belohnen. Der Hund soll ja schließlich nicht nur entspannt mit euch durch Dick und Dünn gehen, sondern dabei auch selbst seine Form nicht verlieren, weil er ständig mit Leckerchen gemästet wird. Abgesehen davon hat Konditionieren über Leckerli rein gar nichts mit Bindung zu tun. Der Hund schaut dann nur noch, was ihr heute alles für ihn dabeihabt, aber er sieht euch nicht als den Menschen an, dem er blind vertrauen kann und bei dem er sich sicher fühlt.

Aber jetzt bist du wieder dran, Canela ...

»Weil ich nicht aufhören wollte zu bellen, nahm Daniel die Sache in die Hand. ›Lass mich mal‹, sagte er zu Nadine und übernahm die Leine, die sofort ein bisschen kürzer wurde. Das Halsband begann schon meine Gurgel leicht einzuschnüren. Ich wollte der Situation entkommen und gab mehr Tempo. Aber dadurch wurde der Druck nur noch stärker. Gleichzeitig spürte ich, dass auch Daniel ungehaltener wurde. Er zischte mit strenger Stimme ›Langsam!‹ und ›Bei Fuß!‹ zu mir herunter. Merkte er denn nicht, dass ich einfach nicht verstand, was er mir damit sagen wollte? Ich fühlte mich gar nicht wohl.«

Sorry, mein Mädchen, dass ich dich gleich schon wieder unterbreche, aber das hier kann einfach nicht warten. Daniel verletzt nämlich gerade die wichtigste Regel für Hundehalter. Die lautet: Lass dich nie, wirklich nie, auf die negative Energie deines Hundes ein.

Wenn ein Vierbeiner hektisch ist, gestresst oder aggressiv und sein Zweibeiner lässt sich genau darauf ein, dann wird er selbst auch hektisch, gestresst. Das überträgt sich dann wieder auf den Hund, dabei bräuchte der doch gerade die Ruhe und Sicherheit seines Menschen. Ja, genau: Das mit dem Anstecken funktioniert in beide Richtungen, also auch zum Positiven. Hier könnt ihr euren Hunden wirklich ein unglaublich gutes Vorbild sein. Wenn ihr in Situationen, die ihn aufregen, besonnen und cool bleibt, strahlt das auf ihn ab und auch eure Fellnase kann sich beruhigen.

Lässt man sich dagegen vom Hund »anstecken«, schaukeln sich beide immer weiter hoch, im schlimmsten Fall bis es schlimmer nicht mehr geht. Wie oft habe ich schon beobachten müssen, dass aus Verzweiflung Aggression wurde und Leute ihren Hund angeblich mit »Alpha-Energie«, tatsächlich aber nur voller Zorn gewaltsam rücklings auf die Straße drückten. In solchen Momenten sind sie alles andere als sichere Anführer. Sie sind einfach mit ihrem Latein am Ende, weil sie mit ihrem Hund nicht weiterkommen. Von einer harmonischen Beziehung auf Augenhöhe kann man hier definitiv nicht sprechen.

Die Leine ist nicht dazu da, euren Hund kurzzuhalten oder zu maßregeln. Wenn er an ihr zieht, bringt es nichts stur dagegenzuhalten. Geht lieber in Kontakt zueinander und lenkt die Aufmerksamkeit eurer Fellnase wieder auf euch, damit sie sich neu orientieren kann.

Ein entspannter Spaziergang beginnt schon beim Anleinen. Ist der Hund dabei aufgeregt und wird seine Energie, wenn auch unbeabsichtigt, noch gefördert, wird es auch draußen turbulent weitergehen. Startet ihr dagegen in Ruhe, stehen die Chance auf eine harmonische Runde gut.

GANZ ENTSPANNT NACH DRAUSSEN

Klar, wenn der Hund ständig an der Leine zieht, nervt das. Oft sind wir es aber selbst, die den Hund in diese Energie bringen – und zwar schon bevor es überhaupt nach draußen geht. »Du freust du dich schon, gell? Gleich geht's los! Ja, genau, wir starten«, dazu noch eine möglichst fröhlich aufgeregte Stimme und vielleicht ein paar Schenkelklopfer: So heizen wir unseren Hund unbewusst an, und entsprechend steigt die Hektik in ihm schon, bevor wir überhaupt aus der Tür sind. Nicht verwunderlich, dass er draußen Vollgas gibt, oder?

Andere Situation: Während Frauchen oder Herrchen noch in die Schuhe oder Jacke schlüpfen, dreht der Hund schon völlig durch. Und was macht der Mensch? Der lässt sich anstecken und gerät ebenfalls in Hektik (»Ich hab's ja gleich.«, »Moment noch.«, »Warte, wir gehen ja schon.«). Hier lässt sich der Mensch vom Hund erziehen. Dabei könnte er sich doch auch ganz einfach noch mal hinsetzen und sagen: »Aber sonst ist noch alles im grünen Bereich? Also, wenn du mit so einer Stimmung mit mir rausgehen willst, dann gehe ich nicht mit. Dann setz ich mich noch mal hin oder trink erst mal noch ein Tasse Tee.« Das ist nämlich genau der Knackpunkt: Nur wenn man in Ruhe in den Spaziergang geht, kann der Hund sich die ruhige Energie des Menschen mitnehmen.

Wenn ihr nicht wollt, dass euer Hund euch draußen durch die Gegend zieht, müsst ihr also schon drinnen Ruhe in die ganze Sache bringen. Indem ihr euch selbst Zeit lasst. Und auch indem ihr schon beim Anleinen dafür sorgt, dass sich eure Fellnase ruhig und angemessen verhält. Ob sie sich dabei hinsetzt oder steht, ist egal. Hauptsache sie turnt nicht die ganze Zeit in der Gegend herum. Auch dagegen hilft übrigens das kurze Signal und die Aufmerksamkeit auf euch, um wieder in die Beziehung zu kommen.

Genauso ruhig sollte es dann weitergehen. Also langsam raus, wenn das nicht gleich klappt, gerne auch nochmal zurück und neu starten. Wenn nötig mehrmals.

Und auch dazu wieder das kurze Signal, damit sich der Hund auf euch konzentriert und überhaupt mitkriegt, dass ihr ihm etwas mitteilen wollt.

Moment, ich schieb hier mal noch schnell ein Thema dazwischen: Die ewige Frage, ob mein Hund vor mir aus der Tür gehen darf oder nicht. Also, wenn ihr kein Problem mit dem Hund habt, er draußen keinen Stress macht und sich mit seinen Artgenossen verträgt, brecht ihr euch keinen Zacken aus der Führungskrone, wenn er mal vor euch rausgeht. Wenn er aber genau das alles nicht tut, lohnt es sich durchaus, ihn »auszubremsen«. Denn schon mit solchen kleinen Dingen könnt ihr zeigen, dass ihr bewusst in die Verantwortung geht und er sich an euch orientieren kann.

Der eigentliche Prozess beginnt dann am Anfang des Spaziergangs. Bleibt in der Ruhe, baut erst einmal den Kontakt zu eurem Hund auf. »Geht in die Beziehung, nicht in die Erziehung«, sage ich meinen Klienten immer. In Erziehung liegt für mich immer ein Stück weit Kraft und Druck. In der Beziehung dagegen liegt die Leichtigkeit, die Liebe und das Verständnis für den Hund. Es geht darum, uns gegenseitig zu respektieren und mit Verständnis zu begegnen. Darum, eine schöne, harmonische Beziehung miteinander aufzubauen. Darum, dass euer Hund euch vertrauen kann. Ein Hund, der gerne mit seinem Menschen unterwegs ist, zieht nicht an der Leine, weil er sich am Menschen orientiert.

Wenn ihr lauft, kann der Hund ruhig neben euch oder auch ein bisschen vor euch laufen – solange die Leine locker durchhängt. Sobald sie sich aber strafft, solltet ihr den Hund ab- und seine Aufmerksamkeit wieder auf euch lenken. Zeigt ihm ruhig, dass auch ihr Lust habt auf Bewegung, indem ihr ein paar schnellere Schritte macht. Seid freudig mit ihm unterwegs. Und dann zieht ihr wieder die Bremse (»Bss!«, »He!«. »Ey!«) und baut wieder Beziehung auf. Bitte macht das auch, wenn er in die Leine beißt. Signal, Aufmerksamkeit, Grenze setzen. Die Leine ist kein Spielzeug. Sie ist ein Band, das euch verbindet.

Ob euer Hund vor oder hinter euch läuft, ist völlig egal, solange die Leine locker durchhängt und ihr einander zugewandt seid. Strafft sich die Leine, ist irgendetwas anderes wichtiger. Dann heißt es wieder in Beziehung zu gehen und anschließend neu zu »starten«.

Erlebt gemeinsam schöne Dinge und zeigt eurem Hund, dass er sich an euch orientieren darf. Wer keine harmonische Beziehung zu seinem Hund aufbaut, kann auch nicht so viel von ihm erwarten. Lobt und streichelt eure Fellnase zwischendurch, Hunde mögen das. Aber achtet darauf, sie dabei nicht hochzupeitschen. Alles im angemessenen Rahmen. Und bevor ich es vergesse: Natürlich darf ein Hund auch schnuppern, die Welt erkunden, pinkeln und markieren. Er ist ein Hund. Wir sind alle keine Maschinen, auch Hunde sind Lebewesen.

Was kann man aber tun, wenn der Hund sich völlig danebenbenimmt? Ich finde, das Wichtigste ist, nicht gleich zu verzweifeln, sondern sich erst einmal klarzumachen, dass es sich für gewöhnlich nur um eine Phase handelt. Und dass diese auch irgendwann wieder ein Ende hat. Ein ausgeglichener Hund lässt sich nämlich von uns Menschen immer aus seinem »Tief« herausholen und benimmt sich dann auch wieder so, wie man es gerne hätte. Bestes Beispiel ist wieder einmal meine kleine Beijo. Wenn ich merke, dass sie gerade wieder einmal »ihre« Phasen hat, begegne ich ihr mit besonders viel Ruhe und Gelassenheit. Und mit liebevoller Konsequenz. Versucht sie mal wieder, irgendwelche Leute oder Hunde anzupöbeln, gibt es von mir ein Abbruchsignal (zum Beispiel ein klares »Ey!«)

und wenn sie daraufhin zu mir schaut, ein freundliches »Mhm«. Und dann gehen wir weiter. Wenn sie wieder anfängt und rummotzen will, mache ich das Ganze noch einmal. Diese kurzen Signale sind eine wirklich große Hilfe für den Hund, um ihn aus der Situation rauszuholen und ihm ein Gegenangebot machen zu können. Durch ein Schnippen mit dem Finger, ein »Ey!«, »He!« oder »Bsss!« kann der Hund sich dadurch dem Menschen zuwenden und nimmt Blickkontakt auf, dann muss sofort ein »Super!«, »Toll!« oder »Fein!« als Belohnung folgen oder eben ein »Mhm«. Ich weiß, dasselbe habe ich vorhin schon gesagt. Aber es ist einfach unglaublich wichtig. Mit jeder Wiederholung wird aus dem Trampelpfad im Gehirn eures Hundes nach und nach ein breiter Weg, auf dem ihr schließlich irgendwann ganz entspannt vorwärtskommt.

Was ich auch unglaublich gern mache: Ich spreche die Leute an, über die sich Beijo eben so aufgeregt hat. Es gibt nämlich in dem Moment nichts Schlimmeres für sie, als diesen Menschen oder den Hund an seiner Seite. Und nicht Besseres, als mein »kontraproduktives« Verhalten, also, dass ich mich nicht auf ihre Energie einlasse, sondern den Menschen mit einer völlig anderen, sprich positiven Energie begegne. Also sage ich freundlich: »Entschuldigung, die Kleine hier von mir, die hat gerade ein bisschen Stress, könnten Sie mir einen Gefallen tun und einfach noch zehn Sekunden stehen bleiben? Das würde mir (und ihr) schon unheimlich helfen.« Die meisten Menschen machen bei so was mit. Denn ob ihr es glaubt oder nicht: Sie freuen sich, wenn sie helfen können. Und wenn es tatsächlich einmal nicht so ist, bedanke ich mich trotzdem, schlendere entspannt weiter und versuche mein Glück eben beim nächsten.

Es ist einfach etwas ganz anders, ob du einen aggressiv-bellenden und ziehenden Hund an deiner Seite hast und zunehmend gereizt nur »Fuß!« befiehlst. Oder ob du einfach stehen bleibst und den angeblichen »Feind« sogar noch entspannt ansprichst. Wenn dessen Hund dann selbst auch anfängt, rumzubellen, geht man einfach ein Stückchen auf Abstand und plaudert weiter.

Ich kann Beijo zwar mittlerweile auch mal frei laufen lassen. Aber in unübersichtlichen Situationen und an Tagen, an denen es mit ihr durchgeht, helfe ich ihr, indem ich sie an die Leine nehme – als Signal, dass wir zusammengehören.

Vielleicht fällt euch das am Anfang schwer. Vielleicht müsst ihr dazu über euren eigenen Schatten springen. Aber wenn ihr euch bewusst macht, was ihr damit für eure Fellnase tut, werdet ihr es schaffen. Und wenn ihr erst einmal die Wirkung erlebt habt – zum einen das gute Gefühl, sich selbst überwunden zu haben, zum anderen die Reaktion eures Hundes –, wird es euch jedes Mal leichter fallen und irgendwann ganz normal erscheinen. Und dann, irgendwann, wird euch womöglich sogar auffallen, dass ihr überhaupt nichts mehr tun müsst, weil euer Hund auch gar nichts mehr macht – außer ganz entspannt an eurer Seite durchs Leben zu dackeln.

Es geht immer, immer darum, Verständnis füreinander aufzubauen. So wie mein Verständnis für Beijo. Beijos Verständnis dafür, dass nicht immer alles so läuft, wie sie es sich vorstellt. Das Verständnis der anderen Hundehalter für meine Situation … Wie erfolgreich ich mit dieser Taktik fahre, sehe ich manchmal noch direkt beim selben Spaziergang, manchmal aber auch erst beim nächsten oder übernächsten. Wird Beijo kleinlauter oder hört sie sogar ganz auf, rumzupöbeln? Reagiert sie auf mich? Wenn ja, probiere ich sie abzuleinen. Kann sie trotzdem »stillhalten«? Um es kurz zu machen: Aktuell kann sie das noch nicht. An der Leine wird es immer besser, aber im Freilauf braucht sie noch Zeit. Sie ist momentan einfach noch nicht der souveräne Hund, der sie einmal sein wird. Noch ist sie oft unsicher und braucht daher meine Unterstützung. So wie Canela gerade Daniels Unterstützung gebraucht hätte. Aber schauen wir mal, wie es bei den beiden weiterging …

»Obwohl wir sichtlich alle keine großen Spaß daran hatten, gingen wir weiter und als wir ein Stück gelaufen waren, kamen wir an einen Park. Ich konnte das Grün um uns herum förmlich riechen. Saftiger und frischer als ich es kannte. Vor allem aber roch ich richtig viele andere Hunde. Markierung über Markierung. Wo waren wir den jetzt gelandet? Also nach meinem Dorf roch das auf gar keinen Fall. Nach Tierheim aber auch nicht. Interessant!

Ich merkte, dass Daniel stehen blieb und die Leine sich lockerte. Neugierig begann ich zu schnuppern. Da sah ich aus dem Augenwinkel einen Hund auf uns zurennen. Weil er keinerlei Anstalten machte, abzubremsen, wollte ich ausweichen. Doch sofort spürte ich wieder den Zug am Hals. Daniel stolperte hinter mir her. Ich spürte die Panik in mir aufsteigen, und weil ich nicht weg-konnte, musste eine andere Strategie her. Also machte ich mich breit, bellte den anderen Hund an und fletschte die Zähne ... Das saß! Der Hund drehte ab. Aber was jetzt kam, damit hatte ich nun wirklich nicht gerechnet. Daniel fing an, richtig laut zu schimpfen und an meiner Leine zu zerren. Ich hatte ihm doch gar nichts getan. Warum war er plötzlich so außer sich?

Ich war komplett überfordert. Nicht nur, dass es hier scheinbar lediglich einen einzigen Platz gab, an dem sich alle Hunde trafen. Sie schienen auch noch ganz andere Verhaltensregeln zu haben, als ich sie kannte. Zu Hause in Portugal

Wenn euer Hund an der Leine ist, kann er nicht ausweichen oder reagieren, wie er es im Freilauf vermutlich täte. Umso wichtiger ist, dass ihr vorausschauend handelt, um Konflikte zu vermeiden, zum Beispiel wenn eine andere Fellnase auf euch zugeschossen kommt.

Ich tu dir nichts, tu du mir auch nichts: Hunde sind in der Regel sehr höflich, wenn sie einander begegnen und zeigen sich durch ihre Körpersprache die ganze Zeit über, dass sie nichts Böses im Schilde führen.

jedenfalls wäre keiner so auf mich zugeschossen. Da lief man in eleganten Bögen auf sich zu und wartete erst einmal ab, wie der andere reagierte. Die Hunde, die ich bisher kennengelernt hatte, wussten, wie man sich benahm. Die meisten jedenfalls. Aber dieser hier …

Was mich noch irritierte, waren die vielen fremden Menschen, die direkt neben uns vorbeiliefen. Auch sie hielten überhaupt keinen Abstand. War ich etwa Luft für sie? Und was für ein Lärm überall herrschte! Kinder spielten scheinbar auch irgendwo. Und da hinten war ja schon wieder ein Hund! Ich hatte keine Kraft mehr und blieb einfach stehen. ›Hier bringen mich keine zehn Pferde mehr weiter‹, dachte ich.

Aber Daniel zog wieder an der Leine und weil mir davon der Nacken wehtat, wählte ich das kleinere Übel und lief doch mit. Nadine versuchte ihn offenbar zu beschwichtigen. ›Lass uns zurückgehen. Es ist vermutlich alles noch zu viel für sie.‹ Sie schien fast weinerlich und die unterschiedlichen Energien der beiden machten mich nicht gerade schlauer. Aber immerhin drehten wir um und liefen den Weg zurück, den wir gekommen waren. Sollte ich Glück haben und wieder in das Haus dürfen? In den Korb? Zu meiner Decke? Wie gerne würde ich jetzt dort liegen.

Wir waren schon fast wieder daheim, als aus dem Garten nebenan ein Mann herauskam. Ich erinnerte mich, dass ich ihn gestern am Zaun gesehen hatte. Aber jetzt kam er schnurstracks auf mich zu. ›Da ist er ja, der Neuzugang‹, sagte er zu Nadine und Daniel, während er eine Hand hob und meinem Kopf gefährlich nahekam. Sofort hatte ich das Bild von dem Mann im Kopf, in dessen Hof ich monatelang an der Kette gefangen war. Ich wich zurück. ›Da habt ihr aber einen ängstlichen Hund erwischt‹, brummte unser Nachbar. Daniel warf mir einen genervten Blick zu. ›Allerdings. Ich weiß auch nicht, was die immer hat. Scheint eine ziemliche Mimose zu sein.‹

Ach, Canela, du hast es wirklich nicht leicht. Dabei bist nicht du das Problem, sondern das, was man dir da alles so ungefiltert zumutet. Du wirst einfach nicht als der Hund gesehen, der du in Wirklichkeit bist: stabil, souverän und selbstständig. Ohne diese Merkmale wärst du auf der Straße nämlich gar nicht so entspannt zurechtgekommen, wie du es offensichtlich getan hast, wenn wir uns noch mal deine Geschichte zu Beginn dieses Buches ins Gedächtnis rufen.

Ich sehe das immer wieder: Hunde, die sich wie Canela in ihrer neuen Umgebung nicht mehr frei bewegen dürfen (weil sie noch nicht in der Lage sind, ohne Leine zu laufen und daher immer – und das meine ich wirklich so –, immer angeleint bleiben müssen), können sich nicht so zeigen, wie sie eigentlich sind. Stattdessen sollen sie plötzlich den Anforderungen, Bedürfnissen und Ansprüchen des Menschen gerecht werden, der mit der Leine die Richtung vorgibt. Und somit beginnt nicht selten eine Odyssee, die aus einem souveränen und stabilen einen unsouveränen und instabilen Hund macht.

KLEINES PLÄDOYER FÜR DIE LEINE

Nicht dass wir uns falsch verstehen: Ich bin absoluter Leinenbefürworter. Die Leine ist, ich habe es schon gesagt, für ganz viele Hunde eine Lebensversicherung und das gilt nicht nur, wenn sie von der Straße kommen. Ganz einfach, weil sie ohne Leine womöglich aus Angst, aus Übermut oder im Jagdfieber über die nächstbeste Straße rennen würden. Und wenn dann gerade in diesem Moment ein Auto käme … Man kann dann schlecht sagen: »Das hat er noch nie gemacht.« Denn jetzt ist er eben davongelaufen, weil man nicht ausreichend aufgepasst hat. Hier hat definitiv der Mensch die Verantwortung, nicht der Hund.

Und es muss ja noch nicht mal der schlimmste Fall eintreten. Ich finde, es genügt schon, wenn ein Hund schnurstracks auf andere (Menschen und Hunde) zusteuert und sich nicht zuverlässig zurückrufen lässt. Das ist für mich genauso ein Kandidat für die Leine. Und wenn ich selbst gerade nicht in der Position bin, si-

Ihr belegt die Leine von Anfang an positiv, indem ihr euren Hund immer wieder anleint und dann mit ihm spielt oder kuschelt – zu Hause oder unterwegs. Denkt immer daran: Menschen und Hunde sind Gewohnheitstiere und was sie kennen, gibt ihnen Sicherheit.

cher zu führen, heißt es ebenfalls: Hund an die Leine. Das ist ein ganz einfaches Naturprinzip. Angenommen, ihr hättet ein Kind, das sich in der Stadt ständig abseilt oder es wäre so ein Gedränge, dass ihr selbst befürchten würdet, den Überblick zu verlieren: Würdet ihr dieses Kind dann nicht an die Hand nehmen? Den Hund anzuleinen, ist nichts anderes, als ihn an die Pfote zu nehmen. Die Leine ist ein sichtbares »unsichtbares« Band, das dazu beitragen soll, die Beziehung zwischen euch zu intensivieren. Sie ist eine unterstützende Maßnahme, weil man eben (noch) keine verlässliche Beziehung zueinander hat und der Hund sich (noch) nicht vollständig an seinem Menschen orientiert beziehungsweise noch nicht zu hundert Prozent auf ihn hört.

Aus diesem Grund finde ich es auch ganz wichtig, dass die Leine nicht negativ belegt ist. Sie ist nicht dazu da, straff gespannt und möglichst kurzgehalten, eurem Hund jede Freiheit zu rauben. Die Leine sollte nicht dazu missbraucht werden, den Hund immer nur auszubremsen, wenn irgendetwas Schlimmes kommt. Und auf gar keinen Fall soll er Schmerzerfahrungen an der Leine machen, indem man zum Beispiel während des Spaziergangs dutzende Male Leinenruck ausübt. Die Leine ist ein supernützliches Beziehungshilfsmittel, keine Strafmaßnahme.

Für unsere Canela ist das neue Leben natürlich besonders unübersichtlich, genauso übrigens wie für einen Welpen oder einen jungen Hund, der noch nicht viel davon kennengelernt hat. Deshalb muss sie auf jeden Fall erst mal an die Leine. Allerdings müssen ihre Menschen auch noch mehr Verständnis, noch mehr Ruhe aufbauen, um es ihr nicht mit Druck beizubringen, sondern in einer liebevollen Konsequenz. Das kann man wunderbar mit Futter machen, mit Leckerchen. Das kann man genauso aber auch zu Hause machen: Das Geschirr anlegen, das Halsband anlegen, die Leine dran machen, ein bisschen mit dem Hund spielen, zusammen schmusen, Triggerworte benutzen. Beim Anleinen ist das zum Beispiel »Fein« oder »Super«, beim Schmusen »Entspannung« oder »Ruhe«.

Dieselben Worte kann man dann draußen auch wieder einsetzen, wenn man in eine stressige Situation gerät. Damit signalisiert man dem Hund, dass man alles im Griff hat. Ihr könnt sogar noch dann auf diese »Wunderworte« zurückgreifen, wenn euer Hund irgendwann einmal so weit ist, dass er auch ohne Leine neben euch laufen kann. Es kann dann schließlich mitunter immer noch zu Situationen kommen, die ihn extrem aufregen und dadurch möglicherweise ein unerwünschtes Verhalten auslösen.

Betrachtet die Leine als ein großartiges Hilfsmittel, um euch mit eurer Fellnasen zu verbinden. Ihr werdet sehen, dass die Leine bald ganz normal für ihn ist und es nicht mehr um sie geht, sondern um euch.

HUNDEBEGEGNUNGEN

So wenig ich die Leine ablehne (im Gegenteil, wie ihr sicher gemerkt habt, finde ich Leinen sogar etwas ganz Tolles), lässt sich eins leider nicht leugnen: Ohne die aufmerksame Hilfe ihres Menschen können sich Hunde an der Leine nicht in der Weise aus dem Weg gehen, wie sie es im Freilauf machen würden. Während viele Menschen ihren Hunden zumuten, frontal aufeinander zuzulaufen, würden sie sich einander vermutlich in einem halbmondförmigen Bogen nähern und dabei

Ihr braucht euch nicht schlecht fühlen, wenn ihr euren Hund (noch) nicht frei laufen lassen könnt. Wenn eure Beziehung stimmt, ist es ihm herzlich egal, ob er an der Leine ist oder nicht. Hauptsache, ihr seid bei ihm und er weiß, dass er sich auf euch verlassen kann.

mithilfe verschiedener beschwichtigender Signale zu verstehen geben, dass man in friedlicher Mission unterwegs ist – natürlich immer vorausgesetzt, beide sind normal und gut sozialisiert. Und selbst wenn es einer der beiden nicht wäre, könnte der andere immer noch Fersengeld geben und ihm so aus dem Weg gehen. Auch das bleibt ihm an der Leine verwehrt.

Als verantwortungsbewusster Hundehalter rufe ich aus diesem Grund übrigens auch meine eigenen Hunde im Freilauf erst mal zu mir zurück, wenn wir einem anderen Hund an der Leine begegnen. Denn so kommt es gar nicht erst zu Konflikten. Ich frage den Hundehalter dann, ob es für ihn und seinen Hund in Ordnung ist, wenn die Vierbeiner Kontakt aufnehmen. Vor allem aber nehme ich niemandem übel, wenn er lieber auf Abstand bleiben möchte. Ich finde, Respekt und Rücksichtnahme so wichtig, gerade auch unter Hundebesitzern. Aber das nur nebenbei.

Können Hunde sich nicht aus dem Weg gehen, fühlen sie sich schnell mal bedroht. Je nach Temperament und Situation machen sie sich dann klein und ergeben sich quasi ihrem Schicksal, nicht ohne sich wieder der schon genannten Beschwichtigungssignale zu bedienen. Oder sie gehen – wie Canela – nach dem Motto »Angriff ist die beste Verteidigung« in »Vorleistung« und zeigen dem anderen damit, dass er besser auf Abstand bleiben sollte. Was manchmal klappt, manchmal aber auch dazu führen kann, dass die Situation vollends eskaliert und sich die Hunde möglicherweise sogar ernsthaft gegenseitig verletzen.

Während die erste Reaktion, das Kleinbeigeben, bei den meisten Menschen Mitleid weckt und sie zu gutem Zureden veranlasst, haben für die zweite Reaktion die wenigsten Verständnis. Deshalb schimpfen sie, reißen an der Leine oder maßregeln ihren Vierbeiner anderswie. Dabei ist dieser doch genauso unsicher wie ein Hund, der sich mit eingezogener Rute abdreht oder sich auf den Boden duckt. Was aber beide Reaktionen, Mitleid und Strafe, verbindet: Keine

Hat ein Hund unterwegs Probleme mit Artgenossen, hilft man ihm nicht, indem man Hundebegegnungen möglichst vermeidet. Stattdessen muss man immer wieder üben, die Herausforderung mit viel Ruhe und genügend Abstand zu bewältigen.

davon helfen dem Hund weiter. Im Gegenteil. Beide triggern seine Unsicherheit nur noch mehr, weil er sich auch hier wieder von der dazugehörigen Energie des Menschen anstecken lässt.

Wenn ein Hund neu einzieht, braucht er erst einmal Zeit, das neue Umfeld zu erkunden, die neuen Strukturen kennenzulernen und die Regeln zu verstehen. Das gilt insbesondere für Hunde wie Canela, die von der Straße oder aus dem Tierheim kommen und schon einiges erlebt habe. Für viele von ihnen ist es erst einmal fremd, dass beim Menschen zu leben auch heißt, an der Leine zu gehen und keine eigenen Entscheidungen mehr treffen zu können. Sie werden also eingegrenzt in ihrem Sein. Und die Spaziergänge sind auch deshalb anstrengend, weil sie auf der einen Seite ja Kontakt zu anderen Hunden möchten, aber eben auf die gewohnte Weise. In ihrem Tempo. Dass sie von ihresgleichen mitunter derart angegangen werden, wie unsere Canela, ist neu für sie. Dabei sind gerade ehemalige Straßenhunde ja eigentlich Profis in der hündischen Kommunikation. Schließlich mussten sie sich lange unter Artgenossen durchschlagen und sind mit Sicherheit keine unnötigen Konflikte eingegangen – allein schon als reine »Energiesparmaßnahme«.

Geschafft! Hat der Hund die Situation bewältigt, einfach ruhig weitergehen. Er soll schließlich lernen, dass das, was gerade passiert ist, völlig normal ist. Nicht der Aufregung wert.

SOUVERÄNE HUNDE BRAUCHEN SOUVERÄNE MENSCHEN

Allerdings, und das ist der springende Punkt, sind auch erfahrene, an sich souveräne Hunde als Neulinge bei ihren Menschen nicht in ihrem gewohnten Umfeld. Sie sind oft unsicher und wissen auch nicht immer, ob noch dieselben Regeln gelten wie bisher. Daher können sie schon auch mal »auf Angriff« gehen, wenn es ihnen zu viel wird und sie nicht wie gewohnt ausweichen können. Und wenn sie immer wieder in ähnliche Situationen geraten, »verlieren« sie irgendwann ihr ursprünglich instinktives, beschwichtigendes Verhalten und es gibt immer Zoff.

Und damit sind wir bei einem Punkt, der für alle wichtig ist, nicht nur für Menschen wie Nadine und Daniel aus unserer Geschichte, die einem Hund aus dem Tierschutz eine zweite Chance geben: Mit der ersten Hundebegegnung werden die Wurzeln für späteres Verhalten an der Leine gelegt. Verläuft sie wie bei Canela negativ, prägt das den Hund – wenn auch nicht gleich so stark, wie zum Beispiel die Zeit an der Kette. Aber diese eine schlechte Erfahrung sorgt schon einmal dafür, dass die nächste Hundebegegnung an der Leine nicht mehr ganz stressfrei abläuft. Bestätigt sich das ungute Gefühl dann abermals, wird die Unsicherheit mehr und mehr verfestigt – steter Tropfen höhlt den Stein. Bis Canela die Sprache der Hunde ebenfalls irgendwann verlernt.

Hier kommt jetzt der Mensch ins Spiel, denn wir können durch unser Verhalten ganz viel dazu beitragen, solche Situationen zu entspannen – aber leider auch dazu, sie anzuheizen. Viele Hundehalter lassen sich von der Unsicherheit ihrer Fellnase anstecken und gehen dementsprechend selbst verunsichert in die nächste Hundebegegnung. Sie werden also von der negativen Erfahrung genauso geprägt wie ihre Hunde.

Manche beschwichtigen zum Beispiel übermäßig und merken gar nicht, dass sie den Hund damit noch mehr aus dem »Takt« bringen. Ein klares Signal würde ihm in seiner Lage tausendmal mehr helfen als noch so viele Worte. Ihr erinnert euch: Ein kurzes Signal kann den Hund aus der Situation befreien, damit er sich wieder auf euch konzentriert und mit euch gemeinsam einen Lösungsweg findet, um sich wieder wohlzufühlen.

Ich hole an dieser Stelle mal kurz aus, denn das ist mit einer der wichtigsten Punkte für eine geglückte Mensch-Hund-Beziehung: Textet eure Hunde nicht zu. Ewiges Reden nutzt die Beziehung ab und einigen Hunden geht es ziemlich auf die Nerven. Beispiel Rufen. Da gibt es von »Charlie, Charlie hierher« oder »Charlie, kannst du bitte kommen?« bis zu »Charlie, ich habe dir schon hundertmal gesagt, wenn du jetzt nicht kommst, dann gehen wir morgen nicht spazieren« so ziemlich alles (ja, das Letzte gibt es tatsächlich auch und zwar gar nicht so selten). Und vielleicht gewöhnt sich der Hund damit sogar daran, dass er zwar Charlie heißt. Aber vor allem lernt er, dass er nicht mehr darauf hören braucht und dass der Mensch ganz viel redet, ohne irgendetwas zu sagen.

Ein Blick sagt mehr als 1000 Worte – und dasselbe gilt für klare Handzeichen. Unsere Fellnasen verstehen viel besser, was wir von ihnen wollen, wenn wir mit Körpersprache mit ihnen kommunizieren.

Gerade unterwegs, wo Hunde vielen Reizen ausgesetzt sind und zahlreiche Eindrücke auf sie einprasseln, hilft es ihnen nicht, wenn wir sie zutexten. Mit einer klaren Körpersprache, Blickkontakt und positiver Energie schenken wir ihnen dagegen sofort Sicherheit.

Aus psychologischer Sicht ist das ja alles total verständlich. Wir Menschen wollen uns schließlich um unsere Hunde kümmern. Und viele gehen einfach davon aus, dass sie umso mehr gegengeliebt werden, je länger sie mit ihnen ihre Namen tanzen. Was sie nicht wissen: Bei den Hunden kommt das ganz anders an. Die denken irgendwann, selbst alles regeln zu müssen, weil ihre Menschen es eben nicht tun. Ihr Zweibeiner ist für sie nämlich nur der »Oh-bitte-kleine-Maus« oder die »Ist-fein-und-jetzt-lass-es-Bitte«. Und deshalb präsentiert sich Charlie, der zu Hause gehalten wird wie ein Kleinkind, auf der Straße wie DER Rüde überhaupt. Und »Mama« und »Papa« sind dann total enttäuscht, weil sich Charlie in ihren Augen komplett danebenbenimmt. Dieses vermenschlichende Kleinhalten gibt es leider sehr oft, aber das ist wieder ein Thema für sich. Deshalb nur hier mal so als Denkanstoß: Warum ist das so? Warum sollen Hunde immer klein bleiben? Warum müssen sie immer Baby sein? Selbst der kleinste Hund hat irgendwann mal das Recht, zu sagen: »Deine Schnute passt mir nicht.«

Aber zurück zur Leinenbegegnung. Hier bringt es natürlich auch nichts – außer noch mehr Probleme –, auf den Hund einzureden. Euer Hund kann nicht diskutieren. Ihm ist nicht wichtig, was ihr sagt, sondern wie ihr es sagt. Und je mehr Worte ihr verliert, umso unsicherer und weniger konfliktkompetent nimmt er euch wahr. Auch wer einen anderen Hund nur von Weitem sieht und schon das Schlimmste befürchtet, macht sich Probleme, wo noch gar keine sind und bekommt dadurch ganz automatisch eine negative Körpersprache und Energie. Und die sendet er an seinen Hund weiter, der sich dementsprechend in die Pflicht genommen fühlt und sich prompt das »Blaulicht aufsetzt«: »Mein Hundehalter sagt, da kommt ein Hund und das gibt Stress. Also, aufgepasst.« Lasst die Leine also bitte locker, statt sie euch immer noch fester um die Hand zu wickeln und am Hund zu reißen. Ich mag das gar nicht, wenn man den Hund immer so streng nimmt. Seid auch mit euch selbst lockerer. Stellt euch positiv ein.

Übt beim Spaziergang immer wieder, die Aufmerksamkeit eures Hundes auf euch zu lenken – egal ob er an der Leine geht oder schon frei laufen kann. So könnt ihr in kritischen SItuationen schnell die Reißleine ziehen und mögliche Konflikte im Vorhinein entschärfen.

Wenn euer Hund auf den anderen zu will, grenzt ihn ein, indem ihr die Hand vorhaltet, mit den Fingern schnippst, ein »He!« nachschiebt und seine Aufmerksamkeit erst mal wieder auf euch lenkt. Geht in Beziehung. Danach könnt ihr wieder ein Stück näher gehen oder auch wieder eine Grenze setzen, je nachdem, wie euer Hund reagiert. Greift nicht mit der Leine ein. Sie ist wirklich nur der Notanker, wenn der Hund trotz allem nach vorne prescht.

Wenn ihr es schafft, unaufgeregt in die Nähe des anderen Hundehalters zu kommen (näher, nicht direkt daneben), grüßt freundlich oder wechselt vielleicht sogar ein paar nette Worte. Viele vergessen das vor lauter Umlenkungsmanöver. Dabei ist es auch wichtig, positiv auf andere Menschen und Hunde zuzugehen. Ihr wisst schon: Energieübertragung.

Ich weiß, dass manche Hunde ihre Menschen bei Leinenbegegnungen an den Rand des Nervenzusammenbruchs bringen. Wenn die Anspannung erst mal so groß ist, versuchen deshalb nicht wenige, Hundebegegnungen generell zu vermeiden. Sie gehen zu Unzeiten spazieren, sind ständig angespannt und auf der Hut, damit sie ja rechtzeitig die Straßenseite wechseln können oder verstecken sich hinter Bäumen und in Hofeinfahrten. Das klingt jetzt vielleicht witzig, ist aber wirklich ein ernst zu nehmendes Problem. Denn Mensch und Hund schaukeln sich auch hier gegenseitig immer mehr in die Höhe, bis jedes Gassigehen ein einziger Spießrutenlauf wird. Dabei wollte man doch so gerne gemeinsam mit seinem vierbeinigen Partner die Natur genießen. Wollte Stress abbauen, nicht anhäufen.

Hunde brauchen andere Hunde, davon bin ich ganz fest überzeugt. Wir Menschen brauchen ja auch andere Menschen um uns. Gut, es gibt Zeitgenossen, die das bestreiten würden, die sagen, bei ihnen wäre das nicht so, sie hätten ja ihren Hund. Allerdings frage ich mich da schon, wie ihre Fellnasen das wohl sehen. Denn der Mensch lebt viel am Hund aus, wenn er keine Menschen in seiner Reihe hat. Das erlebe ich bei meinen Coaches immer wieder.

Wie aber soll man seiner Fellnase diese Kontakte ermöglichen, wenn sie an der Leine so viel Stress macht, dass einfach gar kein Hund in seine Nähe kommen kann, um mit ihr in die Kommunikation zu gehen?

Das Wichtigste ist hier, ganz viel Geduld zu haben. Wenn Hunde gelernt haben, sich an der Leine schlecht zu benehmen, brauchen sie viel Zeit, um genau das wieder zu verlernen. Mit der Dampfhammermethode geht hier gar nichts. Es ist viel Ausdauer nötig, damit sie viele, viele gute Erfahrungen machen, die sie irgendwann die schlechten vergessen lassen.

Das Zweitwichtigste ist also, seinem Hund überhaupt die Gelegenheit zu geben, wieder Kontakt zu Hunden aufzunehmen. Und das Drittwichtigste sind wir Hundemenschen. Wir müssen in die Ruhe gehen und unseren Fellnasen die gute Energie geben, die sie brauchen, um diese Aufgabe bewältigen zu können. Wir müssen lernen, entspannt zu bleiben, wenn sie ausflippen. Wir dürfen also wieder erst einmal selbst in die Veränderung gehen, damit sich unsere Hunde verändern.

Manchmal wirkt dabei übrigens ein Stückchen Schokolade Wunder – nicht für den Hund, sondern für uns selbst. Sich einfach mal zu belohnen für das alles, was wir da gerade leisten, wirkt wunderbar entstressend. Hört sich vielleicht seltsam an, kann aber tatsächlich helfen.

Erst wenn diese drei Punkte – Geduld, Gelegenheiten zur Begegnung und Ruhe beziehungsweise gute Energie – zusammenkommen, kann sich etwas zum Besseren bewegen. Somit ist das mit dem Wichtigsten, Zweitwichtigsten und Drittwichtigsten natürlich Unsinn. Alles ist gleich wichtig und das Ganze kann nur mit-, nicht nacheinander funktionieren. Voraussetzung für all das ist allerdings auch, dass ihr wirklich in der Verfassung dazu seid, selbst entspannt in eine Hundebegegnung hineinzugehen.

ÜBUNG MACHT DEN MEISTER

Im Endeffekt geht es darum, sich und den Hund an bestimmte Dinge zu gewöhnen und Routinen zu schaffen, die das Miteinander erleichtern. Und ja, das klappt nur, indem man übt und übt und übt. Der Hund hat ein Problem mit dem Fahrstuhl? Dann hilft man ihm nicht, indem man Fahrstühlen möglichst aus dem Weg geht. Im Gegenteil: Er muss mehr Fahrstuhl fahren.

Genauso sollte man anderen Hunden und ihren Haltern beim Gassigehen nicht aus dem Weg gehen, nur weil die eigene Fellnase an der Leine Theater macht. Denn auch diese Unsicherheit kann sie nur dann überwinden, wenn ihr sie immer und immer wieder der Situation aussetzt und sie damit herausfordert. Allerdings nicht gewaltsam und unreflektiert, sondern mit Verständnis für ihre Lage und mit gutem Vorbild.

Wenn ihr selbst spürt, dass ihr mit dem falschen Fuß aufgestanden seid, wenn es im Job oder in der Partnerschaft Ärger gab oder euch gerade starkes Kopfweh oder andere Sorgen plagen, solltet ihr nicht mit eurem Hund üben gehen. Dann

Unsichere Hunde kann man spielerisch stärker machen, indem man immer wieder Situationen mit ihnen übt, für die sie ihre Komfortzone verlassen müssen – so wie beim Laufen auf ungewohntem Untergrund, beim Treppensteigen oder in Bus oder U-Bahn.

Positive Energie ist ansteckend. Vergesst daher, auch wenn es unterwegs mal stressig ist, nicht, euren Mitmenschen freundlich und positiv zu begegnen. Ihr werdet sehen: Das färbt auch auf eure Fellnase ab. Vielleicht nicht sofort, aber steter Tropfen höhlt den Stein.

ist ein kurzer Spaziergang um den Block besser. Und dann auf die Couch, in die Badewanne, zum Sport oder mit Freunden raus ... Es bringt überhaupt nichts, auf Teufel komm raus Hundebegegnungen zu erzwingen, wenn ihr selbst nicht dazu in der Lage seid. Erwartet nichts von eurem Hund, was ihr selbst nicht erfüllt (noch so ein wichtiger Leitsatz). Das demotiviert nur alle.

Um wie viel motivierender ist es dagegen, einen Spaziergang mit einem positiven Erlebnis zu beenden? Man nimmt dann diese positive Stimmung mit nach Hause und startet das nächste Mal gleich wieder genauso positiv. Die letzte Hundebegegnung sollte deswegen nie negativ verlaufen. Selbst wenn alles gut lief und nur beim letzten Hund aus irgendeinem Grund wieder Probleme auftauchen: nicht nach Hause gehen. Versuchen, noch einen Hund zu treffen. Diese Begegnung problemlos bewältigen. Und dann direkt heimgehen. Gut gemacht!

Wenn euer Hund noch nicht so weit ist, haltet Abstand. Lauft nicht frontal auf den anderen zu, sondern erweitert den Radius, indem ihr einen Bogen einschlagt. Gerade so weit, dass ihr ohne viel Aufsehen vorbeigehen könnt. Und dann geht es heim.

Wenn ihr vorher frustriert abbrecht und am besten zu Hause noch erzählt, dass von fünf Hundebegegnungen nur eine geklappt hat und vier schon wieder die Katastrophe waren, wie soll sich dann ein Erfolgserlebnis und Zuversicht einstellen? Macht euch aber vor allem nicht verrückt. Auch wenn es mal nicht so gut läuft, gibt es Tage, an denen es wieder besser geht. Wenn von fünf Hundebegegnungen drei schlecht verlaufen und zwei gut, dann bewahrt diese im Kopf.

Sich immer nur auf das Negative zu konzentrieren, bringt uns keinen Schritt weiter. Ich erinnere mich an eine Frau, deren Hündin zu uns in die Hundetagesstätte sollte, weil sie selbst ihre Arbeitsstelle wechseln wollte und den Hund dann nicht mehr wie gewohnt mitnehmen konnte. Bei unserem ersten Treffen erzählte sie mir, ihr Hund sei total traumatisiert, weil er auf der Hundewiese einmal gemobbt und von einem anderen Hund gebissen worden wäre. (Was übrigens leider wirklich oft passiert, weil die Besitzer bei solchen Treffen meistens nicht besonders auf ihre Hunde achten.) Bei dieser Hündin allerdings hatte ich nicht das Gefühl, sie wäre verunsichert.

Als sie ein paar Tage später zur probeweisen Eingewöhnung kam, bat mich die Frau noch einmal, ganz besonders auf ihre Fellnase aufzupassen, damit sie nicht zu viel Stress hätte. Sie ließe sie ja sonst, nach dem Unfall, gar nicht mehr frei laufen. Als ich mit der Hündin in unseren eingezäunten Bereich ging, schien sie tatsächlich zunächst unsicher. Sie kauerte auf der Wiese und musste sich erst einmal lösen. Doch dann kamen zwei, drei Hunde, sie »erholte« sich – und das Ende vom Lied war, dass sie wie von der Tarantel gestochen mit den anderen herumrannte und sich unter ihresgleichen sichtlich wohlfühlte.

Wie immer filmte ich alles, um der Frau zeigen zu können, wie sich ihre Hündin verhielt. Als ich ihr die Aufnahme später vorspielte, die ersten ängstlichen Minuten und dann die fröhliche, ausgelassene Hündin, war ich irritiert. Anstatt sich zu freuen, wie sich ihre Fellnase binnen weniger Minuten entfaltet hatte, wollte sie immer wieder die Szenen sehen, in denen die Hündin ängstlich auf der Wiese saß und sich einmachte. »Siehst du, sie hat richtig Angst«, sagte sie immer wieder zu mir.

So etwas ist bezeichnend für Menschen, die einen Hund brauchen, in meinen Augen missbrauchen, um nicht auf sich selbst schauen zu müssen. Das ist die Angst vor der Selbstreflexion. Sie wollen unbewusst, dass ihre Fellnase in der Angst steckenbleibt oder ein Fehlverhalten beibehält. Denn solange sie sich um ihren Hund kümmern müssen, brauchen sie sich nicht um sich selbst zu kümmern (so ähnlich wie bei der Beziehung, die nicht mehr ganz so läuft, wie man es sich wünscht). Was diese Leute vergessen: Wenn man immer nur auf das Negative schaut, holt man sich das Leid ins Haus, ins persönliche Seelenhaus.

Wenn ihr euch dagegen auf »positiv« polt, schafft ihr die Voraussetzung für Neues. Denn ihr könnt das Verhalten eures Hundes nur ändern, wenn ihr euch auf eure gute Energie verlasst. Ohne die habt ihr keine Chance. Ich übrigens auch nicht. Darum trainiere ich die Hunde, die zu mir kommen, auch nicht, sondern fühle sie und verbinde mich mit ihnen, damit sie mir vertrauen können. Ich möchte sie nicht trainierend und dominierend durch eine Situation führen. Sie sollen mit mir nicht da durchgehen müssen, sondern es wollen. Das ist ein Unterschied! Ich zwinge keine Löwen durch einen brennen Reifen zu springen. Genauso würde ich mir niemals anmaßen, einen Hund durch eine Situation zu führen, in der er totale Panik hat, wenn ich selbst Panik vor der Situation hätte.

Übertragen auf eure Leinenbegegnungen heißt das: Wenn ihr selbst anfangt zu wackeln, wenn ihr zu viel an der Leine zieht, zu viele Kommandos gebt, unruhig seid oder zu viel redet, dann spürt euer Hund diese Energie und weiß: Auf den

Unterwegs treffen völlig unterschiedliche Charaktere aufeinander. Was für den einen ein Leichtes ist, fordert dem anderen manchmal einiges ab. Auch in dieser Beziehung sind Hunde uns sehr ähnlich. Allerdings tragen wir die Verantwortung, dass die Situation nicht eskaliert und sie lernen, friedlich miteinander klarzukommen.

kann ich mich nicht verlassen. Dann ist es, als würde man einem Kind im Dunkeln mantraartig zuflüstern, dass es keine Angst zu haben bräuchte, weil man bei ihm wäre, und dabei fest seine Hand zu drücken und sich immer wieder umzudrehen. Das Kind hört dann zwar, was man ihm sagt, aber es spürt etwas ganz anderes: Angst!

Genauso wird man scheitern, wenn man ständig auf einen unruhigen Hund einredet: »Ja, schön, hier. Fuß. Ja, fein. Schön Fuß. Fuß. Ja, schön. Schön hierbleiben. Schön brav sein. Brav sein. Brav sein. Brav sein. Schön hier.« Mit dieser Energie schicken wir einen Hund erst recht in den Stress. Und es ist kein Wunder, wenn es irgendwann knallt.

Dass bei Canela bei ihrer ersten Leinenbegegnung mit einem Hund ausgerechnet Daniel die Leine in der Hand hielt, macht natürlich die Beziehung zu ihm nicht unbedingt besser. Dabei hätte er hier ganz nebenbei einiges tun können, um Canela ein bisschen mehr für sich zu gewinnen – und auch um ihre Souveränität im Umgang mit anderen Fellnasen zu stärken. Wie? Er hätte zum Beispiel vorausschauend entspannt besagten weiten Bogen oder einfach auch eine andere Richtung einschlagen können. Quasi nebenbei natürlich, nicht hektisch und aufgeregt. Viele Hunde würden diesen »Mehrweg« wählen und dann entscheiden, ob sie miteinander kommunizieren wollen oder nicht – oder ob es auch mal zu einer Meinungsverschiedenheit kommt, was dann auch legitim ist.

Daniel hätte sich auch, wenn das nichts gebracht hätte, rechtzeitig zwischen seine Hündin und den »Angreifer« stellen können und ihn, wäre er ihm mit der entsprechenden Körperhaltung energisch entgegentreten, vielleicht sogar zum »Rückzug« bringen können. Damit hätte er seiner Hündin signalisiert: »Keine Sorge, ich pass auf dich auf und geh in solchen Situationen notfalls dazwischen und kümmere mich darum. Ich führe dich und ich trage die Verantwortung.« So aber hat das Vertrauen zu ihrem Menschen noch weiter abgenommen.

Bei der Begegnung mit dem Nachbarn wurde Canela übrigens auf eine ganz ähnliche Weise in die Situation »gezwungen«. Sie hatte gar keine Möglichkeit, sich erst einmal selbst ein Bild von dem Mann und der Lage zu machen – auf ihre Art, nicht auf unsere menschliche. Ich kenne so viele Leute, die der Meinung sind, dass sich ihr Fellnase von allen anfassen lassen können muss. »Wenn er sich dagegen stäubt, vielleicht sogar mal knurrt, das geht gar nicht. Da schimpfe ich mit ihm«, meinen sie. »Nein«, sage ich dann immer, »das muss er nicht. Der muss sich nicht alles gefallen lassen.« Wenn unterwegs jeder den Hund tätscheln darf, der mag, da bin ich raus. Genauso wenn Kinder auf ihm rumreiten und ihn an den Ohren ziehen dürfen. Ich möchte ja auch nicht, dass das jemand bei mir macht. Das ist definitiv übergriffig. Auch Hunde haben eine Privatsphäre. Doch das Problem ist: Wenn sie sich diese nehmen, kollidiert das nicht selten mit den Ansprüchen von uns Menschen. Denn sie tun es eben auf ihre ganz eigene Hundeart – mit Zähnefletschen und Bellen etwa. Und schon gerät man, wie beim Gassigehen, ganz schnell wieder in eine Negativspirale. Viele Hundehalter sehen irgendwann nur noch einen Ausweg aus dem ganzen Dilemma: Ein Hundetrainer muss her! Ich bin mal gespannt, ob es bei Canela auch so kommt …

DAS KÖNNT IHR FÜR EUCH UND EUREN HUND MITNEHMEN

- Startet in Ruhe in den Spaziergang, peitscht euren Hund nicht auf, bleibt in der Ausgeglichenheit.
- Versucht bei Hundebegegnungen, selbst ruhig zu bleiben und ruhige Energie auszustrahlen.
- Lasst euch auf keinen Fall auf die negative Energie eures Hundes ein (und auch nicht auf die des anderen Hundehalters und seiner Fellnase).

- Eine sichere Ausstrahlung und Körpersprache helfen, stabil in die Situation zu gehen.
- Versucht, jeden Spaziergang, mit einer positiven Hundebegegnung zu beenden. Aber bleibt locker, setzt euch nicht unter Druck!
- Textet euren Hund nicht zu, sondern setzt auf klare, kurze Signale. Ich schnippe gern mit dem Finger, setze Grenzen mit der Stopp-Hand. Die Leine ist nur ein Notanker.
- Benutzt die Leine nicht als Erziehungsmittel. Also nicht zerren, nicht reißen, nicht kurz am Halsband fassen.
- Leint den Hund auch mal an, wenn der beste Hundekumpel kommt oder wenn ihr mit eurem Vierbeiner spielen wollt.

- Geht in die Beziehung statt in die Erziehung.
- Vorausschauend handeln heißt nicht, alle Hundebegegnungen zu vermeiden. Erst Übung macht den Meister.
- Wenn euer Hund noch nicht so weit ist, heißt es Abstand halten, den Hund auf die »sichere« Seite nehmen und einen weiten Bogen einschlagen.
- Erwartet nichts von eurem Hund, das ihr selbst nicht leisten könnt.
- Habt Geduld!
- Habt Geduld!
- Habt Geduld!
- Schokolade kann helfen!

Körperkontakt spielt unter Hunden eine wichtige Rolle. Unsere Fellnasen verständigen sich nicht nur durch Laute, Gesten und Mimik, sondern auch, indem sie sich zum Beispiel anrempeln, ablecken, den Kopf auf die Schulter des anderen legen oder aufreiten.

Auch was auf uns Zweibeiner manchmal gefährlich wirkt, ist für Hunde normal. Zähnefletschen oder Schnappen etwa dienen der Kommunikation, um zum Beispiel die Position zu klären oder spielerisch Grenzen zu setzen.

4

Von Hunden lernen

Hunde sind die besten Lehrmeister – für unsere Fellnasen, aber auch für uns Zweibeiner. Wenn wir uns trauen, genau hinzusehen, können wir nicht nur erkennen, wer wir wirklich sind und wo wir stehen, sondern auch unser Glück finden.

WENIGER TRAINING, MEHR MITEINANDER

»Irgendwie wurde die Sache mit dem Spazierengehen nicht besser, obwohl die beiden nicht müde wurden und jeden Tag mehrmals mit mir rausgingen. Sobald Daniel mich an der Leine hielt, versuchte ich in Nadines Nähe zu kommen, weil er mir einfach nicht geheuer war. Aber wenn Nadine mich dann hielt, spürte ich wie ängstlich sie war – und wurde es selbst auch noch mehr. Am liebsten hätte ich mich nur schnell gelöst und wäre dann wieder nach Hause.

Scheinbar waren meine Menschen mit dem Zustand auch nicht zufrieden. Sie stritten oft und Daniel ließ mich spüren, wer seiner Meinung nach schuld an der ganzen Misere war: ich. Als wir daher eines Tages plötzlich wieder ins Auto stiegen, dachte ich, meine Tage bei ihnen seien vorüber.

Wir fuhren nicht lange, dann stiegen wir schon wieder aus. Ich hörte lautes Hundegebell, roch die anderen und spürte ihre aufgeregte Energie. Dann sah ich einen hohen Zaun. Ich sollte also tatsächlich wieder ins Tierheim zurück! Stress stieg in mir hoch.

Aber was war das? Als wir um die Ecke bogen, sah ich, dass die Hunde alle mit ihren Menschen da waren. Einige unterhielten sich gutgelaunt miteinander und streichelten hin und wieder ihre Fellnasen oder spielten mit ihnen. Wo waren wir denn nur wieder gelandet?

Nadine zögerte kurz, ehe sie mit mir direkt auf die anderen zu- und an ihnen vorbeiging, meiner Meinung nach viel zu nah. Also sträubte ich das Nackenfell und zog die Lefzen hoch – und spürte, wie Nadine nervös wurde, während Daniel ein ›Nicht schon wieder‹ rausrutschte.

Nadine unterhielt sich mit einem anderen Mann, der mich daraufhin an die Leine nahm und direkt noch einmal an den anderen Hunden vorbeiführte. Seltsamerweise fühlte ich mich an seiner Seite viel sicherer. Er führte mich nicht nur auf seiner den Hunden abgewandten Seite, sondern strahlte überhaupt eine gewisse Gelassenheit aus.

Der Mann brachte mich zurück zu Nadine und sprach wieder mit ihr. Dann sollte sie gemeinsam mit ihm und mir die anderen Hunde passieren. Mir war wieder etwas mulmiger, aber irgendwie schien der Mann seine guten Schwingungen auch auf Nadine zu übertragen. Sie kam mir direkt ein bisschen lockerer vor. Aber als plötzlich einer der Hunde hervorschoss, war es mit meiner Gelassenheit auch schon wieder zu Ende. Ich bellte los.

Auch als wir einige Zeit später zurück zum Auto gingen, machten mich die Hunde wieder unruhig. Nadine schien ebenfalls ganz die alte. Nervös und fahrig. Offensichtlich war die ruhige Art des Mannes nicht dauerhaft ansteckend. Auf der Rückfahrt blickte ich erschöpft aus dem Fenster, während sie mich einmal mehr unentwegt am Hals kraulte. Würde das denn nie besser?

Wir gingen noch ein paar Mal in die Hundeschule, wie Nadine es nannte. Am Anfang war Daniel noch dabei, aber dann ließ er uns alleine machen. Wenn der Trainer dabei war, lief es eigentlich immer ganz gut. Bei ihm fühlte ich mich beschützt und auch Nadine erschien mir in seiner Gegenwart viel sicherer. Das gefiel mir, so mochte ich sie und war gerne mit ihr zusammen. Leider hielt das Ganze aber nie lange an. Bei den normalen Spaziergängen, die wir mittlerweile auch nur noch zu zweit unternahmen, blieb alles beim Alten. Wir gingen anderen Hunden aus dem Weg und versuchten uns unsichtbar zu machen. Und wenn das nicht klappte, bellte ich uns den Weg frei. Keiner von uns hatte wirklich Spaß.

An einem sonnigen Tag öffnete Nadine wieder einmal die Heckklappe. Ich bemerkte gleich, dass wir diesmal eine andere Route fuhren – und tatsächlich hatten wir ein anderes Ziel.

Als ich aus dem Auto sprang, bemerkte ich als Erstes die ruhigere Atmosphäre. Ich spürte zwar, dass andere Hunde in der Nähe waren, aber ich hörte kein aufgeregtes Bellen. Irgendwie machte mich das ein bisschen sicherer.

Wir kamen an ein Tor und klingelten. Eine Frau kam uns entgegen, begrüßte uns und nahm uns mit auf eine eingezäunte Wiese. Ich konnte außer mir nur einen einzigen Hund entdecken. Und was für einen! Er strahlte schon von Weitem so eine unglaubliche Sicherheit und Stärke aus, dass ich sofort an meine Mutter und meine tote Freundin in Portugal denken musste. Wie lang die Zeit mit ihnen zurücklag. Trotzdem spürte ich plötzlich einen winzigen Hauch der Freiheit in mir aufsteigen.

Als hätte Nadine mich verstanden, beugte sie sich zu mir herunter, strich mir übers Fell, flüsterte mir ein ›Schau mal, Canela‹ zu und löste die Leine.

Erst war ich wie erstarrt. Seit ich bei Nadine und Daniel war, hatten sie mich draußen noch nie von der Leine gelassen. Ich merkte wie ein Zittern durch meinen ganzen Körper lief – und dann übertrug sich plötzlich meine gesamte Energie auf meine Beine und ich gab Vollgas. Ich spürte den Wind im Gesicht, die Sonnenstrahlen auf meinem Rücken, das Gras unter meinen Pfoten ... Ich konnte mich nicht erinnern, wann ich mich das letzte Mal so gut gefühlt hatte.

Bewegung ist toll, um überschüssige Energie loszuwerden. Im Freilauf können Hunde zudem selbstbestimmt handeln und arttypisch miteinander kommunizieren – immer vorausgesetzt, sie treffen auf andere soziale Hunde, die wissen, wie man sich unter seinesgleichen verhält.

Erst nach einer Weile fiel mir der andere Hund auf, der mit etwas Abstand neben mir herrannte. Ich schlug einen Haken und lief in einem weiten Bogen auf ihn zu. Er ließ mich einfach machen – und plötzlich standen wir beieinander und beschnupperten uns. Er war ein Rüde. Als er mir doch ein bisschen zu nahe kam, zog ich meine Lefzen hoch, um ihm zu signalisieren, dass er es lieber ein bisschen langsamer angehen sollte. Sofort machte er einen Rückzieher. Nach einer kurzen Pause näherten wir uns wieder einander an. So kannte ich das von früher. Ich brauchte gar nicht zu bellen, um zu kriegen, was ich wollte …«

Gut erkannt, liebe Canela, du hast es noch drauf. Deshalb glaube ich, ist es mal wieder an der Zeit für eine Erklärung.

DIE KRUX MIT DEM »TRAININGSWIESEN-EFFEKT«

Ja, man kann es leider nicht anders sagen, aber wenn Hunde schlecht an der Leine laufen, ist das einfach unglaublich anstrengend. Und zwar für alle Beteiligten. Umso trauriger macht es mich, dass so viele nur an der Oberfläche herumdoktern, anstatt der eigentlichen Ursache für das unerwünschte Benehmen auf den Grund zu gehen. Aber was kann man tun, wenn der Hund an der Leine bellt, man ihn aber auch nicht frei laufen lassen kann, weil der Rückruf noch nicht verlässlich klappt, und das Risiko, dass er Fersengeld gibt, hoch ist?

Allein kommt man aus so einer eingefahrenen Situation beziehungsweise so einem Stresskreislauf nur schwer wieder heraus. Daher kann eine gute Hundeschule tatsächlich eine Chance sein, um seinen Vierbeiner im kontrollierten Umfeld wieder in den Kontakt mit Artgenossen kommen und positive Erfahrungen machen zu lassen.

Ein erfahrener Hundetrainer wird bei einem Hund wie Canela schnell erkennen, dass er es hier im Grunde mit einer starken, souveränen Fellnase zu tun hat, die auch sehr sozial ist, wenn man sie lässt. Das Problem ist nur: Solange der Mensch sich nicht ändert, ploppen die Probleme, sobald der Hund aus dem geschützten Raum einer Hundeschule zurück ins »echte« Leben kommt, sofort wieder auf. Denn solange wir unsere alten Sachen mit uns rumschleppen, so wie zum Beispiel Nadine oder Daniel ihre eigene Angst, Unsicherheit und Unzufriedenheit, kann sich ein Hund nicht ändern. Ohne uns geht nichts! Wir selbst müssen in die Veränderung gehen, damit sich eingefahrene Verhaltensweisen auflösen, sich die Mensch-Hund-Beziehung bessert und wir gemeinsam in die Harmonie kommen.

Allerdings coachen leider immer noch die wenigsten »klassischen« Hundeschulen auch die Zweibeiner. Statt den Menschen zu stabilisieren, trainiert man lieber mit dem Hund, so zu funktionieren, wie sein Mensch es sich vorstellt. Und wie immer in der Schule, stehen dabei alle ganz schön unter Druck. Die Lehrer genauso wie die Schüler. Dabei müssten wir doch mittlerweile alle wissen, dass Druck gar nichts bringt, sondern im Gegenteil, nur blockiert.

In der Hundeschule ist es nicht anders. Man kann dreimal in der Woche hingehen und kommt doch keinen Schritt voran, wenn man zu viel Ehrgeiz reinsetzt. Um hier mal in der Schulsprache zu bleiben: Wenn wir unbedingt wollen, dass unser Hund eine Eins schreibt, er aber nicht über eine Fünf hinauskommt, sackt die Stimmung in den Keller und man ist nicht mal mehr mit einer Drei zufrieden. Das ist wirklich supernervig, auch für den Hund.

Mir persönlich geht es bei all dem viel zu sehr um die Erziehung des Individuums, weniger um seine Bedürfnisse. Die Beziehung der Hunde untereinander spielt meistens keine so große Rolle. Alles, was die Hunde üben, machen sie so gut wie immer allein mit ihrem Menschen. Und wenn überhaupt gespielt werden darf, dann meistens erst ganz am Ende der Trainingsstunde, wenn die Hunde ohnehin schon kaputt sind. Der soziale Kontakt zu Artgenossen bleibt also häufig eher auf der Strecke.

Natürlich ist es wichtig, dass ein Hund auch mal ruhig sitzen kann. In meinen Augen ist es aber noch viel wichtiger, dass er lernt, artgerecht zu kommunzieren. Denn wer das beherrscht, kann ganz entspannt spazierengehen – egal, ob mit oder ohne Leine.

Dann wieder gibt es Trainer, die sagen: »Lasst mal laufen, die Hunde machen das schon unter sich aus.« Tun sie auch. Und wenn einer gemobbt wird, greift dann keiner ein. So etwas gibt es auch und das kann die Probleme natürlich noch verfestigen, anstatt sie zu lösen.

In einer guten Hundeschule geht es meiner Meinung nach nicht vorrangig darum, Befehle wie »Sitz« oder »Platz« oder den Rückruf zu trainieren. Stattdessen können unsere Fellnasen dort vor allem lernen, wieder stressfrei mit anderen Hunden umzugehen. Das nämlich ist für mich der eigentliche Knackpunkt: Hunde, die an der Leine Stress haben, haben verlernt, hündisch zu kommunizieren. Weil der Mensch sie nicht mehr lässt, haben sie so gut wie keine Kontakte mehr zu ihren Artgenossen – und wenn nur auf Abstand. So wie Canela.

Dabei ist unsere Hündin, die ja schon auf der Straße gelebt hat, was sie und ihr Umfeld betrifft, recht cool, souverän und durchaus verträglich. Zu Hause, in ihrer sicheren Umgebung im Garten oder im Haus, haben Nadine und Daniel das bestimmt schon bemerkt. Umso mehr irritiert die beiden vermutlich, dass sich beim Gassigehen überhaupt nichts ändert. Dabei könnte Canela durchaus auch unterwegs »Gefahren« erkennen und ihnen aus dem Weg gehen, wenn – und jetzt kommt der Haken –, ja wenn man sie ließe. Würden ihre Menschen ihr die Möglichkeit geben, ihre gewohnte Souveränität auch draußen zu leben, dann hätten sie an der Leine einen deutlich umgänglicheren Hund. Canela ist nicht aggressiv, sie greift Hunde nicht von sich aus an und verletzt sie. Wie sie sich an der Leine verhält, ist allein das Resultat ihre Unfreiheit, ihrer Ohnmacht. Sie kann es sich nicht mehr aussuchen, mit wem sie Kontakt aufnimmt. Stattdessen macht das ihr Mensch für sie – und in den meisten Fällen geht der eben den anderen Hunden aus dem Weg.

Dadurch wird Canela kleingehalten und verliert ihre Souveränität. Im Grund wird sie wieder zum Hundekind gemacht, das selbst keine Entscheidungen treffen kann – nicht an der Leine und erst recht nicht im Freilauf, weil sie ja niemals abgeleint wird (was natürlich richtig und wichtig ist, solange der Rückruf nicht hundertprozentig klappt). Das ist der absolute Stresskreislauf für unser Mädchen. Sie wird dadurch in ihren Stärken und in ihrer guten Energie komplett eingegrenzt.

»UNTERRICHT« VON ARTGENOSSEN

Unsoziale Hunde müssen als Allererstes schrittweise wieder lernen, mit anderen Hunden zusammen zu sein. Dafür gibt es keinen besseren Coach als den Hund. Hunde können Hunden ganz viel beibringen, auf hündische Art. Das können wir Menschen nicht. Deshalb finde ich es so extrem wichtig, dass man Hunden die Möglichkeit gibt, sich wieder mit Hunden auszutauschen. Nur so können sie auch wieder lernen, hündisch zu kommunizieren. Wenn man einen Hund die ganze Zeit von Hunden fernhält, was soll er denn da noch lernen? Nichts!

Verschiedene Persönlichkeiten können durchaus mal Konfliktpotenzial bergen. Die Größe dagegen spielt keine Rolle, wenn sich zwei souveräne Hunde begegnen.

Typisch Molly: Nachdem erst einmal gründlich abgecheckt wurde, wer einem da über den Weg läuft, kann man getrost wieder sein eigenes Ding machen – erst recht, wenn der andere es offensichtlich genauso sieht wie man selbst.

Dagegen lernt so gut wie jeder Hund nach einer gewissen Zeit unter Artgenossen wieder normal mit anderen sozialen Hunden zu kommunizieren – auch wenn er an der Leine läuft. Dadurch verbessert sich nicht nur seine eigene Lebensqualität. Auch für seinen Menschen heißt das unterwegs deutlich weniger Stress und viel mehr Entspannung.

Unter Hunden und von Hunden lernen kann natürlich nur gelingen, wenn sich die Fellnasen frei bewegen können. Und, das ist noch wichtiger, wenn sie nur auf soziale Hunde treffen, die souverän genug sind, sich von einem unsicheren eventuell auch erst mal auf Angriff gepolten Hund nicht aus der Ruhe bringen zu lassen. Die stattdessen deeskalierend auf ihn einwirken und ihm dadurch zeigen, wie man richtig miteinander kommuniziert.

Bei uns im »Revier für Hunde« setze ich in solchen Situationen bevorzugt auf meine Molly. Sie ist mittlerweile zehn Jahre bei mir und die ungekrönte Königin hier auf dem Platz. Egal, was für ein Typ vor ihr steht, ob ängstlich, Rambo, Seelchen oder Draufgänger: Molly scannt alle. Sie sieht einen Hund und kann ihn sofort richtig einschätzen.

Von dieser kleinen Hündin habe ich unfassbar viel gelernt. Zum Beispiel, dass man ängstliche Hunde nicht gleich mit Samthandschuhen anfassen muss. Wir hatten hier schon Fellnasen, die man am liebsten fest an sich gedrückt und gefragt hätte: »Oh, wo kommst du denn her, du Arme?« Und wenn ich dann Molly dazugelassen habe, hat sie die direkt erst mal ermahnt und in die Schranken gewiesen. Ich fragte mich anfangs natürlich, warum Molly so glasklar war, wo die anderen doch so verschüchtert schienen. Tja, und da haben wir es schon: Sie schienen nur in unseren Augen, mit unserem Menschenblick, schüchtern zu sein, waren es aber gar nicht. Und Molly hat das natürlich sofort gespürt. Unter ihresgleichen stellte sich dann auch für mich bald heraus, dass diese Hunde recht großmäulig unterwegs waren – wenn man sie ließ.

Molly ist in dieser Hinsicht eine echte Meisterin. Sie hat in den letzten zehn Jahren Hunderte Hunde kennengelernt, die zu uns in die Hundetagesstätte oder ins Coaching gekommen sind. Darunter auch solche, die versucht haben, sie anzugreifen und zu verletzen. Zum Glück trugen sie Maulkörbe!

Molly erkennt sofort, welchen Hund sie ignoriert, welchen sie maßregelt und welchen sie toll findet (und dann auch mal anbandeln will; nebenbei: Sie steht durchaus auf die richtig großen Kerle). Sie ist eine absolute Schmusebacke, aber gleichzeitig Hunden gegenüber total souverän und selbstbewusst. Wir haben bei uns in der Huta zum Beispiel einen Doggenrüden. Locker 85 Zentimeter Stockmaß. Als er das erste Mal reingaloppierte, dass die Erde bebte und das Gras zitterte, hat sich Molly ihm in den Weg gestellt und ihn erst mal gemaßregelt. Und was machte dieser Riese? Er gab Ruhe. Weil meine kleine Hündin, die ihm nicht einmal bis zu den Knien reichte, gesagt hat, wo es langging. So einfach kann die Hundewelt sein. Und so harmonisch.

Molly hat mich gelehrt, konsequent und trotzdem liebevoll zu sein. Souverän. Von ihr weiß ich, dass ich mich nicht aus der Fassung bringen lassen darf

Molly und ich sind ein eingespieltes Team und verstehen uns nach vielen gemeinsamen Jahren tatsächlich ohne Worte. Jeder kann sich voll auf den anderen verlassen. Jede Minute, die ich mit ihr verbringen darf, ist ein Geschenk.

und genau auf den Punkt sein muss, in »brenzligen« Situationen weder zu früh noch zu spät eingreifen darf. Alles andere macht dich nämlich unglaubwürdig. Hunde spüren, ob du genau im richtigen Moment das richtige Signal setzt. Das habe ich mir bei Molly abgeguckt.

Zum Glück, denn langsam wird es für meine Kleine Zeit, in »Rente« zu gehen. Sie ist nicht mehr jeden Tag von früh bis spät in der Huta dabei, schläft viel im Haus oder liegt im Garten in der Sonne. Sie ist überhaupt eine Sonnenanbeterin. Ich kann gar nicht hinschauen, wie sie da liegt und hechelt. Irgendwann rafft sie sich dann zwar doch auf, um sich ein paar Meter weiter auf ein Schattenplätzchen plumpsen zu lassen. Aber lang hält sie es dort nie aus. Dann liegt sie wieder in der Sonne …

Ausgiebige Spaziergänge, Kuscheln und Schmusen, gerne stundenlang, auch auf dem Schoß liegen, am besten auf dem Rücken und so einschlafen, anfangen zu schnarchen: Das alles findet Molly ebenfalls immer noch genauso toll wie als Junge. Sie ist auch auf ihre alten Tage weiterhin eine sehr herzliche Hündin, die mehrere Eigenschaften in sich vereint. Da ist zum einen dieses Superkonsequente. Dann dieses Liebevolle. Auf der anderen Seite ist sie aber auch eine kleine Diva. Wenn es regnet, mag sie nicht raus und wenn sie doch raus muss, läuft sie beleidigt und mit eingezogener Rute hinter mir her oder setzt sich mitten auf dem Weg hin und schaut mich an, als wäre jeder Regentropfen ein Stich direkt in ihr Herz. Aber ich schweife mal wieder vom Thema ab …

Wie so eine »Umschulung« unter Artgenossen genau verläuft, das handhabt jeder Coach auf seine Weise. Sie kann in Begleitung des Menschen geschehen. Man kann die Hunde aber (unter den oben genannten Voraussetzungen) auch einfach mal unter sich sein lassen. Meine Strategie ist in dieser Hinsicht ganz klar: Erst mal den Ist-Zustand draußen anschauen, also zum Beispiel bei einem Hausbesuch oder beim Spazierengehen. Dann beobachten, wie sich der Hund ohne sein Frauchen oder Herrchen unter Hunden verhält, bei uns im »Revier«. Und dann den Menschen wieder dazuholen und schauen, wie sich das Verhalten des Hundes in dem Moment ändert. Das tut es nämlich in den meisten Fällen. Was wieder einmal ganz klar zeigt, dass wir selbst der Schlüssel sind. Dass wir es selbst in der Hand haben, Dinge zu verändern. Wir müssen uns nur trauen, den ersten Schritt zu machen.

»Ich sauste herum wie der Wind, spielte und erkundete die ungewohnte Umgebung – ungebunden und frei. Vor allem frei von Angst. Ach, das Leben konnte so wunderbar sein ...

Als wir nach einer gefühlten Ewigkeit gemeinsam zu Nadine und der Frau zurücktrotteten, fühlte ich mich gut und locker wie schon lange nicht mehr. Umso erstaunter war ich, als ich spürte, dass Nadine völlig erschüttert war. Sie weinte. Ich hörte, wie die Frau sie fragte, was sie gerade fühle. ›Ich freue mich so für Canela. Und gleichzeitig bin ich traurig. Denn so frei, wie sie sich gerade zu fühlen scheint, wäre ich auch gerne.‹

Als wir wieder im Auto saßen, war Nadine noch immer seltsam. Sie hatte zwar aufgehört zu weinen, dafür wirkte sie plötzlich ungewohnt ruhig. So kannte ich sie gar nicht. Sonst war sie eher der hibbelige, unkonzentrierte Typ. Ich wurde aus dieser Frau einfach nicht schlau, so sehr ich sie mochte.

Wir fuhren ein Stück und ich erkannte, dass es zu dem See ging, an dem wir schon ein paar Mal spazieren gegangen waren. Frühmorgens, wenn noch niemand anderes unterwegs war. Aber jetzt war es Nachmittag und die Sonne strahlte. Es würden sicher viele Menschen und Hunde dort sein. Das war ungewohnt und machte mir ein wenig Angst. Aber dann kam alles ganz anders.

Unsere Fellnasen brauchen den Kontakt zu ihren Artgenossen, um glücklich zu sein. So sehr wir Menschen sie auch lieben und uns um sie kümmern: Unter und mit ihresgleichen können sie sein, was sie am liebsten sind: Hunde.

Wir liefen ein Stück, ich blieb dicht neben ihr, die Leine schwang locker mit. Ich hatte Nadine noch nie so bei sich erlebt. Sie lächelte einen Spaziergänger an und nicht einmal der Hund, der in wenig Entfernung einem Stock hinterherrannte, konnte mich gerade aus der Ruhe bringen. So fasziniert war ich von meinem Frauchen. Wie cool diese sonst so unsichere Frau plötzlich war! Sie erinnerte mich fast ein bisschen an Mama, auch wenn sie bestimmt nicht so geschickt beim Jagen war.

Plötzlich hielt Nadine an und setzte sich ohne irgendeine Ankündigung auf einen großen Stein am Ufer. Das hatte sie noch nie getan! Normalerweise versuchte sie, jeden Spaziergang so schnell wie möglich hinter sich zu bringen, um nur ja keinem anderen Hund zu begegnen. Und jetzt ging sie so ein »Risiko« ein? Was, wenn gleich jemand um die Ecke peste?

Erst war ich verwirrt, aber dann ließ ich mich neben ihr nieder, legte den Kopf schief und schaute erwartungsvoll zu ihr auf. Irgendwas ging hier vor sich. Doch Nadine beachtete mich gar nicht. Noch eine völlig neue Erfahrung! Sonst fing sie bei jeder Gelegenheit an, mich zuzutexten, mich zu streicheln, und hinter den Ohren zu kraulen. Jetzt sah sie einfach nur auf den See hinaus. Mein Blick folgte dem ihren und ich traute meinen Augen kaum. Das Wasser funkelte im Abendlicht wie flüssiges Silber …«

Willkommen in diesem herrlichen Leben, liebe Leserin, lieber Leser! Hier passiert nämlich gerade genau das, was ich als Wunder der Spiegelung bezeichne. Ein »magic moment«! Da sieht ein Mensch, wie entspannt, frei und glücklich sein Hund ist, und nimmt das zum Anlass, mal bei sich selbst zu schauen: Wie geht es mir eigentlich? Läuft da alles so, wie ich es mir wünsche? Oder ist dieser Hund vielleicht aus einem ganz bestimmten Grund bei mir? Vielleicht um mir zu zeigen, was alles möglich ist? Oder besser, dass alles möglich ist?

Ein guter Coach wie die zweite Trainerin in Canelas Geschichte wird diese Innenschau unterstützen. Wird darauf hinweisen, wie wichtig Veränderung ist. Und auch, dass man keine Angst vor ihr zu haben braucht. Wir selbst können genauso unbeschwert sein wie unsere Hunde, können die Vergangenheit hinter uns lassen und die Gegenwart, das Hier und Jetzt in vollen Zügen genießen. Wir müssen uns dazu nur trauen, alte Pfade zu verlassen und neue Wege einzuschlagen. Wege zur Freiheit. Wege zum Glück.

Vielleicht war die Trainerin vorher auch schon mal bei Nadine und Daniel zu Hause, so wie ich es auch bei meinen Einzel-Coachings mache. Hat sich das Problem vor Ort angeschaut. Vermutlich hat sie dort auch gleich die komische Stimmung bemerkt. Ich spinn hier mal einfach weiter: Sobald Daniel aufsteht, verdrückt sich Canela hinter das Sofa oder unter den Tisch. Er scheint ihr irgendwie nicht geheuer zu sein. Daniel übernimmt auch die ganze Zeit das Gespräch, aber nicht wirklich mit einer guten Energie bezüglich des Hundes und seiner Partnerin. Die scheint überhaupt eher unfrei zu sein, so wie sie sich zurückhält, wie sie redet, wie sie schweigt. Gutes Coaching hat eben nicht vorrangig nur mit Bei-Fuß-Üben, Sitz und Leckerli zu tun. Mit reinem Funktionieren. Es geht ums Hinschauen, darum dass der Mensch in die Veränderung geht. Denn das ist die Grundlage für eine gute Bindung und eine harmonische Mensch-Hund-Beziehung auf Augenhöhe.

Aber weiter: Der Coach fragt, ob der Hund viele Sozialkontakte zu Artgenossen habe, was Nadine und Daniel verneinen. Also lädt sie die drei zu sich aufs Gelände ein, damit die Hündin die Gelegenheit bekäme, mit anderen Hunden zu kommunizieren. Wirklich, für so etwas habe er überhaupt keine Zeit, erklärt Daniel sofort lautstark. Außerdem seien sie schon in einer Hundeschule gewesen, das habe überhaupt nichts gebracht. Und das, obwohl die dort ein Wahnsinngeld verlangt hätten.

Nadine aber war trotzdem gekommen – und durfte eine Canela kennenlernen, die ihr bisher vollkommen fremd war. Mehr noch: Sie hat in Canela wie in einem Seelenspiegel gesehen, was bei ihr selbst nicht so lief, wie es laufen könnte. Vielleicht hat sie dabei erkannt, dass es in der Beziehung zu Daniel schon seit Längerem kriselte. Dass sie sich erhofft hatte, ein Hund könnte das, was über die Jahre zerbrochen war, wieder »zusammenflicken«. Vielleicht hat sie sich in Erinnerung gerufen, dass ihr eine Freundin schon ein paar Mal gesagt hatte, sie hätte sich in den letzten Monaten oder Jahren irgendwie verändert. Und womöglich flackerte in diesem Moment das allererste Mal der Gedanke in ihr auf, ob es nicht besser wäre, sich zu trennen und noch einmal von vorn anzufangen ...

An diesem einen Nachmittag hat Canela Nadine völlig unerwartet den Spiegel vorgehalten. Und Nadine hat sich getraut, hineinzuschauen. Damit war der erste Schritt getan!

Ein Moment wie Canelas erster Freilauf kann zum Schlüsselmoment werden und ausschlaggebend für alle weiteren Handlungen. So wie bei Nadine, die auf dem Heimweg gemerkt hat, dass sie noch gar nicht nach Hause will. Dass sie erst einmal für sich sein will. Allein. Dass sie nachdenken muss. Für sich selbst Klarheit finden. Die am See beschließt, dass sie sich eigentlich schon lange nicht mehr in ihrer Beziehung geborgen fühlt und in einem Leben feststeckt, das sie nicht mehr glücklich macht. Dort am Wasser, neben sich ihre erschöpfte, aber glückliche Hündin, erlebt sie einen beinahe magischen Moment. Sie spürt förmlich die Kraft, die von ihrer Sehnsucht nach Veränderung ausgeht. Und sie entscheidet, sich von Daniel zu trennen.

DAS KÖNNT IHR FÜR EUCH UND EUREN HUND MITNEHMEN

- Hunde brauchen den Kontakt zu anderen Hunden.
- Eine gute Hundeschule kann helfen, positive Erfahrungen zu machen – vorausgesetzt man legt dort den Fokus auf das soziale Miteinander von Hunden.
- Hat ein Hund gelernt, normal mit anderen sozialen Hunden zu kommunizieren, kann er dies auch an der Leine. Das bedeutet: weniger Stress und mehr Entspannung beim Gassigehen.
- Hunde können ein Wegweiser sein und uns zeigen, wie beziehungsweise wer wir wirklich sein wollen.
- Veränderung ist möglich. Immer! Alles, was es dazu braucht, ist die Bereitschaft hinzuschauen und zu handeln.
- Hunde öffnen uns die Türen zu verschlossenen Räumen und führen uns nach Hause, wenn wir uns verloren haben.
- Hunde verändern unser Leben, wenn wir bereit für neue Wege sind.

Wir Menschen stehen in der Verantwortung, unseren Hunden ein artgerechtes Umfeld zu schaffen. Dazu gehört auch der Kontakt zu anderen Fellnasen. Am Ende profitieren wir auch selbst davon, wenn unser Hund im Umgang mit seinesgleichen souverän ist.

Einfach mal Hund sein, mit allem, was dazugehört: Das können Hunde am besten unter sich. Und, Hand aufs Herz: Tut es nicht auch gut, ihnen dabei zuzusehen und einfach mal für einen Moment den Alltag zu vergessen?

5

Ein neuer Anfang

Es liegt fast immer an uns, wenn die Beziehung zu unseren Hunden nicht so harmonisch ist, wie wir es uns wünschen. Doch damit haben wir es auch selbst in der Hand, die Situation zu verändern. Alles, was es dazu braucht, ist ein wenig Mut.

MAGISCHE MOMENTE ODER MUT ZUR VERÄNDERUNG

»Als wir am See aufbrachen, war es beinahe schon dunkel. Viel später als sonst kamen wir nach Hause. War das der Grund, dass Daniel so schlecht gelaunt war? Seltsamerweise schien das Nadine viel weniger zu verunsichern als sonst. Aber sie war ja auch schon seit ein paar Stunden irgendwie anders. Anziehend! Ich drückte mich an sie und sie kraulte mich kurz hinter den Ohren, ehe sie in die Küche ging, um mein Futter vorzubereiten.

In der Nacht hörte ich die beiden noch lange miteinander reden. Daniel mal aufbrausend, mal wortkarg wie schon so oft. Nadine leise und gefühlvoll. Zwischendurch weinte sie. Am nächsten Morgen bemerkte ich, wie Daniel die Treppe herunterkam. Ich stellte mich schlafend und kurz darauf knallte die Haustür ins Schloss. Im selben Moment fühlte ich mich gleich wieder um einiges wohler. Ich stand auf, streckte mich, gähnte und rollte mich dann wieder gemütlich ein.

Die nächsten Tage war Nadine öfter mit mir unterwegs als sonst. Es schien fast, als bräuchte sie frische Luft, damit sie ihr die trüben Gedanken aus dem Kopf pustete. Denn je länger wir liefen, desto befreiter wirkte sie. Zu Hause gingen Daniel und sie sich aus dem Weg. Sie redeten kaum miteinander und ich schien für ihn sowieso unsichtbar zu sein, was ich aber, ehrlich gesagt, gar nicht so schlecht fand.

Unsicher wurde ich erst, als Nadine eines Tages mehrere Koffer und Taschen in ein fremdes Auto lud. Sie wollte mich doch nicht mit ihm allein lassen? Ich muss wohl recht verdutzt geschaut haben, denn sie kam lachend auf mich zu, schlang ihre Arme um mich und meinte: ›Für dich bleibt schon auch noch Platz. Du denkst doch nicht etwa, dass ich dich hierlasse. Du gehörst zu mir.‹ Ihre Stimme war in diesem Moment so klar, dass mein Herz einen Hüpfer machte. Schnell leckte ich ihr über die Wange.

Wie es aussah, sollten wir die nächsten Wochen bei der Frau wohnen, der das Auto gehörte. Eine Freundin von Nadine. Ich mochte sie gleich, denn sie schien nicht nur ein herzensguter Mensch zu sein, sondern war auch herrlich entspannt. Die beiden saßen beinahe jeden Abend bis tief in die Nacht beisammen und redeten. Ich lag in meinem Korb und genoss die friedliche Atmosphäre, die so anders war als in unserem alten Zuhause. Manchmal gingen wir zu dritt in ein Café oder Restaurant. Am Anfang fand ich das etwas anstrengend, denn ich wusste nicht so recht, was dort von mir erwartet wurde. Um Futter betteln, wie ich es in Portugal gemacht hatte, sollte ich auf jeden Fall nicht. Erst als Nadine mir eine Decke unter den Tisch legte, verstand ich und rollte mich dort zusammen.

Dass Nadine die meiste Zeit des Tages an einem Schreibtisch vor dem PC saß, kannte ich schon. Neu war, dass sie nun nach der Arbeit oft Turnschuhe anzog und wir zum Laufen an den See fuhren. Ich genoss es, mit ihr zu rennen, und in den meisten Fällen vergaß ich sogar die anderen Hunde dort. Nadine schien es nicht anders zu gehen. Zumindest wirkte sie längst nicht mehr so angespannt, wenn uns jemand entgegenkam. Im Gegenteil, sie lächelte die anderen Menschen an, grüßte sie und manchmal blieb sie sogar stehen und unterhielt sich mit ihnen – zumindest, wenn sie keinen Hund bei sich hatten. Und ich konnte das, obwohl mir die Leine das Ausweichen nach wie vor erschwerte, immer besser aushalten.«

Moment, Canela, ich fasse hier noch mal kurz zusammen: Nadine blieb also tatsächlich bei ihrem Entschluss. Noch am selben Abend sprach sie sich mit Daniel aus. Ein paar Tage später packte sie ihre wichtigsten Sachen zusammen und zog mit ihrer Hündin zu einer Freundin.

Nur noch mal zur Erinnerung: Es war dieser eine magische Moment, als Nadine Canela im Freilauf erlebte, der alles ins Rollen brachte. Ihre Hündin hat Nadine die Augen und das Herz geöffnet. Ich habe das schon oft erlebt.

Wir Menschen sind auf der einen Seite viel zu oft in der Vergangenheit gefangen. Auf der anderen Seite fokussieren wir uns viel zu sehr auf die Zukunft. Dabei verlieren wir uns in Illusionen. Denn keiner weiß, ob unsere Wünsche jemals Wirklichkeit werden. Nur das, was gerade geschieht, ist real. Und Hunde helfen uns, das wahrzunehmen. In diesen echten Momenten zu sein. Geerdete Energie zu tanken. Wenn wir in die Energie der Hunde tauchen, können wir den Alltag hinter uns lassen. Wir können uns von Analysen, Theorien und dem ewigen Gedankenstrom im Kopf lösen und wieder mehr auf unser Gefühl hören. In solchen Momenten können wir uns frei machen von den Gedanken der Vergangenheit, die uns in Situationen festhalten, auch wenn wir uns in ihnen nicht mehr wohlfühlen. So wie Nadine sich nicht mehr wohlgefühlt hat in ihrer Beziehung mit Daniel. Und somit auch nicht mehr in der Beziehung mit sich selbst.

Ich bin ganz fest davon überzeugt, dass mit einer wichtigen Veränderung im Leben viele weitere kleine Lawinen in Gang gesetzt werden. Erst wenn sich eine Tür schließt, kann sich eine andere öffnen. Wenn wir zögern und uns nicht trauen, die Tür hinter uns ganz zuzuziehen, bleibt auch die andere halb verschlossen und wir haben einfach nicht das Gefühl, eintreten zu können. Wir verlieren die Schlüssel der Erkenntnis. Zu viele Gedanken halten uns dann noch in der Vergangenheit fest. Und damit füttern wir unseren Körper, davon bin ich ebenfalls überzeugt, auch mit vielen negativen Emotionen.

Teja, mein »Riesenbaby«, ist eine unfassbar ruhige und ausgeglichene Seele. Mit ihren langen Stelzen hat sie sich dirket in mein Herz geschlichen und ist von dort nicht mehr wegzudenken.

Wir sind selbst verantwortlich für die Veränderung, die wir uns wünschen. Wir selbst sind es, die die Entscheidung treffen. Wir dürfen nicht (er)warten, dass ein anderer diesen Schritt für uns tut.

Natürlich ist das nicht immer einfach. Es kann auch mal richtig anstrengend sein, aus alten Mustern auszubrechen. Wer den sicheren Hafen verlässt, weiß nicht, was ihn draußen auf hoher See erwartet. Und trotzdem sollten wir die Segel hissen, den Mut besitzen und die Hoffnung nie aufgeben. Und auf gar keinen Fall sollten wir uns der Ohnmacht hingeben, der Ohnmacht der Stagnation.

Canelas Frauchen fand den Mut, Türen zuzuziehen und sich einzugestehen, dass es bei sich selbst anfangen darf, wenn sich etwas verändern soll. Dieser Mut wurde belohnt. Nadine machte endlich wieder Dinge für sich. Sie nahm Kontakt zu ihrer alten Clique auf, ging wieder aus, fing an zu laufen … um wieder stehen zu bleiben auf dem Weg zu sich selbst …

Und es bestätigte sich, was ich in meinen Coachings immer wieder erlebe: Die Veränderungen in ihrem Leben machten sich auch in ihrer Beziehung zu Canela bemerkbar. Vieles, was vorher nicht geklappt hatte, war plötzlich möglich. Ihre Hündin konnte sie relativ entspannt an der Leine begleiten und machte nicht mehr aus jeder Hundebegegnung ein Drama. Sicher wird es auch weiterhin noch die eine oder andere Baustelle gegeben haben. Die Seele geht zu Fuß, hat ein kluger Mann einmal erkannt. Und Recht hat er: Alles braucht seine Zeit. Habt Verständnis für euch und für eure Fellnase, auch wenn es mitunter eine harte Zeit sein kann.

HERAUSFORDERUNGEN SIND DA, UM AN IHNEN ZU WACHSEN

Mir selbst hat unser unerwartete »Familienzuwachs« 2022 mal wieder bewusst gemacht, dass man als Hundehalter schnell an seine Grenzen stoßen kann. Ich hatte damals sechs Hunde – zu Marie, Molly, Miezi, Ola und Baboo war kurz vorher erst die kleine Cookie dazukommen. Ganz unerwartet, geplant war das nicht.

Ich habe sie auf Mallorca gefunden, als ich dort für den Tierschutz unterwegs war. Mit ihr war mein Rudel erst einmal komplett, dachte ich. Aber es kam natürlich mal wieder ganz anders. Ich sage nur schockverliebt (ja, auch ich als »Profi« bin nicht dagegen gefeit). Aber von vorne …

Obwohl ich mit meinen sechs Fellnasen zu Hause total glücklich war, spielte ich mit dem Gedanken, mir noch eine siebte zuzulegen. Einen Herdenschutzhund. Einen schönen, großen Herdenschutzrüden. Den einen noch, zu meinem »Harem« zu Hause. Dann wäre wirklich Schluss.

Im Shelter einer portugiesischen Freundin nahe Lissabon war es dann um mich geschehen. Der Hund lag mit fünf anderen in einem großen Zwinger. Ich guckte meine Freundin an, dann wieder den Hund. »Der ist ja toll«, mehr konnte ich nicht sagen. »Ist zusammen mit mehreren Hunden in einem Maisfeld gefunden

Als ich mich 2022 in Portugal auf die Suche nach einem Herdenschutzhund machte, wusste ich nicht, dass ich mit einer Herdenschoßhündin zurückkommen würde.

worden. War völlig fertig, mehr tot als lebendig«, sagte sie. »Ist das ein Rüde?«, fragte ich. »Ne«, sagte meine Freundin. »Och, okay. Aber lass sie doch trotzdem mal raus.« Also hat sie sie rausgelassen und als die Hündin mich begrüßte, war eigentlich schon alles klar. Das hier war zwar definitiv kein Rüde, aber immerhin eine Herdenschutzhündin. Groß und schön. Ich taufte sie Teja, nach dem Fluss, der im spanischen Montes-Universales-Gebirge entspringt und bei Lissabon, also ganz in der Nähe, wo ich sie das erste Mal gesehen hatte, in den Atlantik mündet.

Ich fuhr damals dann noch weiter an die Algarve und wer dort mein Herz eroberte, das wisst ihr ja bereits: Beijo und Hazel. Der Rest ist Geschichte ...

Zwei Monate nachdem ich mit den beiden Winzlingen in Eschweiler angekommen war, kam Teja in einem Transporter nach. Sie war zu dem Zeitpunkt sechs, sieben Monate alt, die Kleinen etwa fünf. Und das war's: Statt eines Rüden hatte ich nun drei junge Hündinnen im »Revier«. Eine Herdenschutzhündin und zwei Ratoneros, die früher die Höfe von Mäusen und Ratten frei halten sollten und manchmal auch für die Jagd eingesetzt wurden, um im Unterholz Fasane und Kaninchen zu scheuchen oder Fuchse und Dachse aus ihrem Bau zu treiben. Aber wie sage ich immer? Das Leid des Tierschützers ist auch sein Glück, weil einem nicht nur immer wieder Hunde über den Weg, sondern manche auch zielstrebig direkt ins Herz rein laufen.

Vier junge Hunde in einem Jahr, das hat mir wirklich einiges abverlangt. Ich möchte selbstverständlich keinen von ihnen missen, aber im Nachhinein hätte ich mir im Vorfeld vielleicht doch mehr Gedanken machen sollen. Ich hatte dadurch ja plötzlich neun Hunde. Und das ist schon eine Aufgabe. Vor allem mit Beijo und Hazel war es wirklich anstrengend. Sie waren noch sehr jung, da geht es ja los mit Stubenreinheit und immer im Drei-Stunden-Rhythmus raus, mit regelmäßig füttern, an der Leine laufen und, und, und. Immer mal zwei. Da bin selbst ich manchmal an meine Grenzen gestoßen.

Wenn man nur wenig Schlaf bekommt, weil der Hund nachts immer wieder raus muss, wenn er viel bellt oder sonst Rabatz macht, wenn es an der Leine nicht so richtig klappt und der Hund sehr unruhig oder unsicher ist ... Das ist schon richtig anstrengend. Und ab und zu habe ich mich bei dem Gedanken ertappt, ob ich das alles auch dann gemacht hätte, wenn ich gewusst hätte, was auf mich zukommt. Ganz ehrlich? Also, einer hätte gereicht. Ich bin immer davon ausgegangen, dass ich genug Erfahrung habe, weil ich mittlerweile auf so viele Jahre zurückblicken kann, in denen ich anderen geholfen habe, auch in solchen Situationen. Aber dann selbst neun Hunde zu Hause zu haben und da Struktur und gute Stimmung reinzubringen, das hat dann doch an meinen Kräften gezehrt.

Ich kann nur jedem Hundehalter empfehlen, die Nerven zu behalten. Wenn ihr das Gefühl habt, einfach nicht mehr zu können, gebt euren Hund für ein paar Stunden in gute Hände und sammelt neue Energie, beim Fahrradfahren, beim Schwimmen, im Museum, im Kino oder im Café mit einer guten Freundin, mit einem guten Freund. Ich selbst bin sogar mal eine ganze Woche weggefahren – komplett ohne Hunde. Ihr müsst zuerst euch stärken, um euren Hund und eure Beziehung stark zu machen.

Heute ist bei uns alles mehr oder weniger im grünen Bereich. Beijo und Hazel sind zwar immer noch rotzfrech und stacheln sich gern gegenseitig so richtig an. Sie lieben sich aber auch ohne Ende. Ich sage immer: »Pack schlägt sich, Pack verträgt sich.« Sie sind anstrengend, aber auch so süß und lustig und, wenn sie dann müde sind, auch so schmusig, dass ich ihnen alles verzeihe. Ich glaube, jeder Hundehalter kann das nachvollziehen. »Du gehst mir manchmal total auf den Zeiger, du nervst mich ohne Ende, aber ich liebe dich.«

Das ist das, was uns Hundehalter meiner Meinung nach auch ausmacht. Die Geduld, die wir durch Hunde lernen. Zu sagen: »Ja, das ist extrem anstrengend,

Ich bin unglaublich stolz darauf, wie toll sich Beijo bereits eingelebt hat, und wahnsinnig dankbar, weil ich sehen darf, welche Lebensfreude sie verspürt. Das hat sie sich wahrlich verdient. Und ihre Schwester Hazel natürlich genauso.

aber ich wachse an meinen Herausforderungen. Und das macht mich zu einem noch ausgeglicheneren Menschen. Weil ich weiß, dass ich nicht so schnell den Kopf in den Sand stecke. Weil ich weiß, dass ich das geschafft habe, wenn ich diese Hürde überstanden oder über jene Brücke gegangen bin.« Hunde geben uns immer wieder die Möglichkeit, uns in Geduld zu üben und verständnisvoll eine wunderschöne Beziehung aufzubauen.

MANCHMAL MUSS MAN EINFACH LOSLASSEN

Ich bin fest davon überzeugt, dass bestimmte Hunde und überhaupt auch bestimmte Menschen, bestimmte Situationen im Leben nicht einfach nur so kommen. Dass es bei mir kein Rüde sein sollte, sondern dass es stattdessen drei Hündinnen wurden, damit ich noch mal an meine Grenzen gehe. Damit ich noch mal schaue, an welchen Rädchen ich vielleicht noch drehen kann, wo vielleicht noch ein paar Defizite sind und wo ich selbst noch lernen darf. Und ich lerne gerne, auch wenn es im Moment des Lernens manchmal echt anstrengend sein kann und man ans Limit kommt. Aber im Nachhinein weiß ich dann doch immer, warum dieser Hund oder jener Mensch in mein Leben gekommen ist. Genauso wie ich weiß, warum der eine gegangen ist oder ich gegangen bin oder warum wir auseinander gegangen sind.

Ich glaube an die Fügung des Schicksals. Alles, wogegen ich mich wehre, wird anstrengend. Das, was ich annehme, fließt dagegen. So sehe ich das. Und je älter ich werde, umso besser gelingt mir das auch. Ich muss nicht mehr wochenlang, manchmal sogar monatelang mit irgendwelchen Dingen hadern, die in der Vergangenheit liegen und die ich deswegen nicht mehr ändern kann. Die mich aber früher viel Zeit gekostet haben, weil mein Kopf sich gerne noch lange damit beschäftigt hat. Heute denke ich mir: »Liebes Leben, schick mir noch mal so eine Situation, schick mir noch mal so einen Hund und ich werde daraus lernen.« So halte ich das und damit fahre ich gut. Ich übe mich immer mehr im Verständnis des Seins. Das ist das Schöne.

So viele Hunde, so viele verschiedene Charaktere und doch herrscht Harmonie – davon können wir Menschen uns wirklich eine Scheibe abschneiden. Und zum Glück helfen sie uns immer wieder dabei, den Augenblick zu leben und wieder mehr unseren Instinkten zu vertrauen.

Loszulassen, die Beziehung zu sich selbst zu intensivieren, sich selbst mehr zu leben und auch zu lieben, mit sich selbst ein bisschen mehr zu lachen und seine Gefühle mehr auszuleben, das führt automatisch dazu, dass euer Hund die Beziehung zu euch sucht. Denn unsere Fellnasen spüren, ob wir auf unserem Weg authentisch sind oder ob wir nur eine Rolle spielen. Nur wenn ihr selbst begeistert seid, könnt ihr auch andere begeistern und das, was euch bewegt, an andere Menschen weitergeben. Das Gleiche gilt für euren Hund. Ändert sich der Mensch, ändert sich der Hund. Seid also so wie ihr seid. Genau so seid ihr gut.

Ja, Hunde spüren uns. Sie haben superfeine Antennen für alles, was um sie herum geschieht. Wir müssen gar nicht viel mit ihnen sprechen, um sie zu lenken. Wenn wir eine Verbindung zu ihnen haben, spüren sie das. Weil unsere Herzen miteinander kommunizieren.

Baboo ist mit seiner verrückten Art immer für einen Lacher zu haben und macht einem einfach immer gute Laune. Genauso kann ich mich aber auch jedes Mal in seiner Seele verlieren, wenn er mich so anblickt. Ein Augenaufschlag genügt.

Wir unterschätzen manchmal ihre Fähigkeiten in dieser Hinsicht. Hunde spüren, wenn ein Gewitter aufkommt oder ein Erdbeben, wenn eine Frau ihre Periode hat oder schwanger ist. Sie können Diabetes und sogar Tumoren erschnuppern. Und es ist ein Leichtes für sie, zu fühlen, wie wir uns fühlen. Ob wir gerade Angst haben, traurig sind oder wütend. Frisch verliebt oder aggressiv. Sie merken das nicht daran, wie wir uns verhalten, sondern nehmen es einfach über ihre Instinkte wahr. Völlig ungefiltert. Und geben es genauso ungefiltert auch wieder an uns weiter. Ich sag's ja: Seelenspiegel.

»Von mir aus hätte es ewig so weitergehen können. Eines Tages jedoch fuhren wir nicht an den See, sondern hielten vor einem großen Grundstück. Das Wetter war schön, deshalb hatte Nadine die Scheiben heruntergelassen und ich hatte schon von Weitem wildes Hundegebell gehört. Jetzt konnte ich aber auch riechen und spüren, dass ich hier nicht die einzige Fellnase war. Mir wurde mulmig, denn eins erkannte ich auch: Das war nicht die Hundeschule, in die wir noch ein paar Mal gegangen waren. In meinem Kopf stiegen Bilder auf, die ich schon längst vergessen glaubte. Nadine musste mich daher mehrfach auffordern, aus dem Auto zu springen. Aber ich hatte ja keine Wahl.

Ohnehin hatte ich mir umsonst Sorgen gemacht. Als wir näherkamen, bemerkte ich, dass hier eine recht entspannte Stimmung herrschte. Ich konnte auch weit und breit keine Zwinger entdecken und Ketten erst recht nicht. Dafür kamen direkt ein paar Hunde angerannt. Was für ein Glück, dass ich auf der anderen Seite des Zauns stand.

Ein Mann führte uns erst in einen abgetrennten Teil des Gartens und ließ dann einen Hund zu uns. Ein ziemlich großer Rüde. Ich musste sofort an meinen Freund aus der Hundeschule denken. Wir beschnupperten uns höflich und standen eine Weile nebeneinander herum. Da kam ein zweiter Hund, diesmal eine kleine Hündin. Weil sie fast noch entspannter erschien, ergriff ich die Initiative und lief in einem eleganten Bogen auf sie zu. Hoppla, wo war meine Unsicherheit geblieben? Ich erkannte mich selbst nicht wieder.

Der Mann schien ebenfalls zufrieden, zumindest nahm er mich wieder an die Leine und spazierte mit mir und den beiden anderen im Schlepptau nach nebenan auf die große Wiese. Gut, zwei Hunde waren das eine, aber gleich eine Truppe von 15 oder mehr, das war dann doch eine andere Hausnummer. Noch dazu war Nadine nicht mitgekommen. Ich legte mich erst einmal verschüchtert auf den Boden. Aber alles verlief glimpflich. Ein paar der Hunde kamen interessiert näher, während die meisten überhaupt keine Notiz von mir zu nehmen schienen. Und als mich der Rüde von eben zum Spiel aufforderte, konnte ich einfach nicht widerstehen …

Als der Mann mich nach ungefähr einer halben Stunde zurück zu Nadine brachte, nahm sie eine überaus glückliche Hündin in Empfang. Wie sehr hatte ich vermisst, mit meinesgleichen zu sein! Zu spielen, herumzutoben oder einfach nur dicht beieinander im Gras in der Sonne zu liegen.

›Da scheint ja eine ganz begeistert von der Huta zu sein‹, stellte Nadine im Auto fest. ›Dann kann ich ja beruhigt in meinen neuen Job starten.‹ Ich verstand mal wieder Bahnhof, aber das war egal, denn ich war ohnehin hundemüde. Den Rest des Heimwegs schlief ich tief und fest.«

Liebe Canela, ich freue mich so für dich! Wir haben ja bei uns im »Revier für Hunde« auch eine Huta, eine Hundetagesstätte mit Rudelhaltung. Und ich sehe jeden Tag, wie gut es Hunden unter Hunden geht. So wie Kinder in der Kita sich unglaublich viel von anderen Kindern abschauen, entwickeln sich auch Hunde zu souveränen, gelassenen Wegbegleitern, wenn sie sich regelmäßig frei mit ihren Artgenossen bewegen dürfen. Unruhige und gestresste Hunde werden in der Gruppe gebremst, geerdet und mit Ausgeglichenheit und ruhiger Energie beseelt.

In einer Hundetagesstätte mt Rudelhaltung können ängstliche Hunde über sich hinauswachsen. Der regelmäßige Kontakt zu Artgenossen stärkt ihr Selbstvertrauen. Unruhige und gestresste Hunde wiederum werden geerdet und mit Ausgeglichenheit und ruhiger Energie beseelt.

Unsichere Hunde werden nicht positiv in ihrem unsicheren Verhalten verstärkt, wie wir Menschen es oft unbewusst machen. Stattdessen wird ihr Selbstvertrauen gestärkt und ihre Ängste werden abgebaut. Davon wiederum profitieren auch ihre Halter. Denn anders als in der klassischen Hundeschule bleibt es nicht wie so oft beim »Trainingswieseneffekt«, bei dem während des Unterrichts alles super klappt, aber es wie gehabt weitergeht, sobald die Stunde vorbei ist und man mit seiner Fellnase wieder in den Alltag rausgeht.

UNTER HUNDEN

Durch den regelmäßigen Kontakt zu Artgenossen in der Huta werden unsere Fellnasen sozialer und bei Spaziergängen spürbar sicherer. Denn sie lernen, miteinander zu kommunizieren – auf ihre ganz eigene hündische Art. Dazu gehört auch die »Sprache der Hunde«: akustische Kommunikationsformen wie Bellen,

Wuffen, Knurren, Winseln oder Heulen – also genau das, womit viele Leute ein Problem haben. Dabei sind sie ein wichtiger Teil der hündischen Ausdrucksform und dienen der Verständigung. Genauso lernen sie, wieder ihre ureigene Körpersprache zu verstehen. Denn noch viel mehr als über Laute kommunizieren Hunde über Gesten und Mimik.

Im Rudel können Hunde lernen, wie sie sich gegenüber bestimmten Hundetypen zu verhalten haben, und dass sie sich in brenzligen Situationen nicht auf den Stress des anderen einlassen müssen, sondern ihm aus dem Weg gehen können. Im besten Fall habt ihr schon so eine gute Beziehung zueinander aufgebaut, dass eure Fellnase in so einer Situation zu euch kommen kann, weil sie weiß, dass ihr dann die Verantwortung übernehmt und sie (an)führt, egal ob mit oder ohne Leine. Dass sie sich einfach nur an euch orientieren braucht, um gemeinsam mit euch durch diese »Prüfung« zu gehen.

In der Huta darf der Hund einfach mal Hund sein. Er kann chillen oder toben, ganz wie er mag, gemeinsam mit den unterschiedlichsten Charakteren und mit wundervollen Menschen. Auch das ist nämlich wichtig: Hunde brauchen herzliche Menschen, nicht nur irgendeine Betreuung.

Wenn ihr mit dem Gedanken spielt, euren Hund in eine Huta zu geben, kann ich euch nur empfehlen, auf eine ausgeglichene Stimmung unter den Vierbeinern zu achten. Bittet die Betreiber, ein Video von eurem Hund zu machen, damit ihr sehen könnt, wie es ihm ergeht und damit ihr eine Vertrauensbasis aufbauen könnt. Hört auf euer Bauchgefühl und lasst den Hund entscheiden. Manche Fellnasen haben tatsächlich überhaupt keine Lust auf Huta, selbst nach einer ausgiebigen Eingewöhnung finden sie nichts daran. Aber das sind wirklich die wenigsten. Ich habe immer wieder erlebt, dass selbst Hunde, die jahrelang keinen Kontakt zu Artgenossen hatten, hier bei uns neue Freunde gefunden oder sich sogar regelrecht verliebt haben.

In der Huta bekommen Hunde viel Bewegung, lernen (wieder) artgerecht miteinander zu kommunizieren und können sich von den anderen abschauen, wie man sich in bestimmten Situationen verhält. Und ganz nebenbei können sie auch prima alle zusammen abhängen.

Ich erinnere mich an eine Hündin, die zur Resozialisierung ins »Revier für Hunde« kam. Sie hatte schon längere Zeit nur ganz selten, zum Schluss sogar überhaupt keinen Kontakt mehr zu Artgenossen gehabt, weil sie über die Jahre anderen Hunden gegenüber ein ausgeprägtes Aggressionsverhalten entwickelt hatte. Als ich sie gemeinsam mit Lisa, einer Mensch-Hund-Trainerin aus dem »Revier«, an der Leine erlebte, waren wir beide sichtlich geschockt: Ohne jedwede Vorwarnung versuchte sie 90 Prozent der Hunde bei Leinenbegegnungen anzugreifen. Zum Glück war sie schon vorher an den Maulkorb gewöhnt worden, um Schlimmeres zu vermeiden!

Von Coaching zu Coaching wurden die Halter für ihr Verhalten sensibilisiert und sowohl die Hündin als auch ihre Zweibeiner mit immer neuen Situationen konfrontiert. So lernte die Fellnase über viele Monate hinweg, wieder die Sprache der Hunde zu lesen und zu sprechen. Für sie war das ein Start in ein neues Leben.

Hunde mit Verhaltensstörungen sind oftmals mit ihren Menschen in einem Stresskreislauf gefangen. Nach einer gewissen Zeit unter Artgenossen, können sie wieder sozialer kommunizieren. Dadurch verbessert sich ihre Lebensqualität und auch für ihre Menschen beginnt eine stressfreiere Zeit.

Und die Hunde aus dem »Revier« halfen ihr mit ihrer beseelten und deeskalierenden Energie. Ich kann es nur immer wiederholen: Hunde brauchen Hunde, um wieder sozial miteinander kommunizieren zu können. Im Namen dieser Hündin soll ich euch übrigens noch Danke sagen. Also: Danke euch, ihr wundervollen beseelten Wesen!

»Nadine und ich wohnten mittlerweile schon mehr als ein Jahr alleine – nachdem wir für ein paar Wochen bei einer Freundin untergeschlupft waren, hatte sie eine hübsche Wohnung mit Gartenanteil gefunden. Nicht so groß wie die alte, aber dafür doppelt so gemütlich. Und vor allem nur für uns beide.

Wir waren ein ziemlich eingespieltes Team in unserer Mädels-WG. Unter der Woche war ich tagsüber bei den anderen Hunden in der Huta, konnte mit ihnen spielen, toben und chillen und mich zwischendurch, wenn ich Lust hatte, kurz mal von den Betreuerinnen kraulen lassen. Wenn Nadine mich abends abholte, freute ich mich, dass sie so entspannt war. Ihre neue Arbeit erfüllte sie offensichtlich. Die Wochenenden verbrachten wir meist in der freien Natur. Abends blieb ich auch mal allein zu Hause, wenn Nadine mit Freundinnen ins Kino ging oder um die Häuser zog. Ich war froh, dass sie nicht auf die Idee kam, mich mitzunehmen. Statt unter so vielen lärmenden Menschen zu sein, lag ich lieber in meinem Korb und schlief. Aber ihr schien das zu gefallen. Manchmal konnte ich selbst kaum glauben, dass die Frau neben mir dieselbe war wie die, die mich damals aus dem Tierheim abgeholt hatte.

Weil sie immer selbstsicherer wurde, konnte ich Nadine mehr und mehr vertrauen und fühlte mich auch selbst immer sicherer. Vor anderen Hunden hatte ich unterwegs ohnehin keine Angst mehr, meistens jedenfalls. Schließlich hatten mich die anderen in der Huta daran erinnert, wie man untereinander kommuniziert. Zwar begegneten wir zwischendurch immer wieder mal irgendeinem Rowdy, der meinte sich mächtig ins Zeug legen und herumpöbeln zu müssen.

Alle zusammen raus in die Natur, das lässt uns den oft ganz normalen Wahnsinn des Alltags vergessen und stärkt unsere Beziehung. In unserer schnelllebigen Welt sind solche Stunden wertvoller denn je.

Aber auch wenn mich das durchaus noch aus der Fassung bringen konnte, war es überhaupt kein Vergleich zu früher.

Nadine schien auch zu merken, dass ich selbstbewusster wurde. Ich erinnere mich noch genau an den Tag, als sie mich das erste Mal an der Schleppleine laufen ließ. Wenn es nach mir gegangen wäre, hätte sie sich das ruhig schon früher trauen können. Denn nichts tat ich lieber, als zu ihr zu kommen, wenn sie mich rief. Wir gehörten doch zusammen. Und ich konnte es ihr beweisen, als sie ein paar Monate später an einem ruhigen Abend endlich wagte, die Leine einmal ganz wegzulassen.

Ich fühlte mich gut wie nie. In der Huta und manchmal auch so konnte ich frei laufen und mit Hunden kommunizieren wie früher. Aber jetzt hatte ich auch noch einen sicheren Schlafplatz, musste mich bei Wind und Wetter nicht mehr unter einem alten Fischerboot verkriechen, hatte immer Futter und vor allem hatte ich einen Menschen an meiner Seite, dem ich vertraute, der mich liebte und der mir seine Wärme und Zuneigung schenkte. Und dieser wunderbare Mensch, das spürte ich, wurde von Tag zu Tag selbst auch immer glücklicher.

Und dann tauchte plötzlich Tobias auf. Das erste Mal trafen wir ihn am See, an dem Nadine und ich seit jenem alles verändernden Abend regelmäßig spazieren gingen. Er saß genau auf dem Stein, auf dem auch Nadine damals gesessen war. Ich war wie mittlerweile öfter mal wieder ohne Leine unterwegs und rannte direkt neben ihm ins Wasser. Dabei spritze ich ihn nass. Aber anstatt zu schimpfen, lachte Tobias – und Nadine, die einen kurzen Moment erschrocken war, lachte erleichtert mit. Die beiden unterhielten sich eine Weile und als ich neugierig dazukam, kniete er sich zu mir herunter, ließ mich an seiner Hand schnuppern und kraulte mich am Kinn. Erstaunt stellte ich fest, dass ich das erste Mal in meinem Leben keine Angst hatte, dass ein Mann mir so nahekam.«

(Ich übernehme hier mal kurz für Canela, und berichte im Zeitraffer: Wie der Zufall so spielt, liefen sich Nadine und Tobias ein paar Wochen später noch einmal mittags in der Stadt über den Weg. Er blieb kurz stehen und erkundigte sich nach Canela, die von alldem nichts ahnend den Tag in der Huta genoss. Dann plauderten die beiden noch ein bisschen miteinander, ehe wieder jeder seiner Wege ging.

Keine zwei Wochen später, sahen sie sich erneut unverhofft wieder. Nadine hatte sich mit zwei Freundinnen in einem Lokal verabredet. Und wer saß dort mit einem Freund an der Bar? Genau, Tobias! War das noch Zufall oder schon Schicksal, schoss es beiden durch den Kopf. Und so tauschten sie ihre Nummern.)

»Ich weiß nicht warum, aber plötzlich trafen wir Tobias ständig und von Mal zu Mal konnte ich deutlicher spüren, wie die gute Energie zwischen den beiden hin- und herfunkte. Mein Frauchen strahlte vor Glück – und das nicht nur, wenn sie mit ihm zusammen war. Allein deshalb schon fand ich Tobias natürlich großartig. Aber darüber hinaus war er auch noch ein echter Hundeprofi und schien einfach immer genau das Richtige zu machen.«

(Noch mal ich, denn wen wundert's: Schon beim zweiten Treffen, damals in der Fußgängerzone, hatte Tobias Nadine erzählt, dass er selbst schon mehrere Hunde gehabt hatte und nach einer längeren Pause nun damit liebäugelte, wieder eine Fellnase in sein Haus und Herz zu holen. Amor, ick hör dir trapsen.)

ÖFFNET EUCH FÜR DAS LEBEN

Vermutlich müsste ich an dieser Stelle gar nicht mehr reingrätschen – und das nicht nur, weil ich mich ohnehin gerade schon zweimal eingeschaltet habe. Denn sicher erkennt ihr längst selbst, was hier passiert ist: Nadine hat ihr Herz geöffnet. Für sich, für ihren Hund, für das Leben – und natürlich auch für andere Menschen. Für eine neue Liebe. Für Tobias.

Vorausgegangen ist alldem eine wundervolle Metamorphose: Aus der unsicheren und, wie sich herausgestellt hat, unzufriedenen Nadine ist eine selbstbewusste Frau geworden, die mit beiden Beinen im Leben steht und die dieses vor allem auch in vollen Zügen zu genießen scheint. Und erinnert ihr euch, wie es dazu gekommen ist? Sie hat sich getraut, in die Selbstreflexion zu gehen, nachdem ihr Canela auf liebevolle Art und Weise den Seelenspiegel vorgehalten hatte. Sie hat damals die Augen nicht verschlossen, sondern gewagt, in diesen Spiegel zu blicken. Sie hat hingeschaut auf die Bedürfnisse, die tief in ihrem Inneren schlummerten. Ist der Stimme ihres Herzens gefolgt. Statt darauf zu warten, dass ihr endlich irgendjemand die Zuwendung und das Verständnis entgegenbrachte, die sie sich wünschte, hat sie das Heft in die Hand genommen und sich einfach selbst beschenkt. Sie hat sich erlaubt, frei zu sein und das Leben so zu leben, wie sie es fühlt.

Nadine hat sich nicht für andere verändert, sondern für sich selbst. Der Anstoß dazu kam jedoch von Canela. Hunde zeigen uns immer wieder, wenn wir in die eigene persönliche Veränderung gehen dürfen. Wir sollten uns dem nicht verschließen, sondern mutig sein wie Nadine. Sie hat gelernt, ihre Träume mehr zu leben. Dadurch hat sie nicht nur eine bisher ungeahnte Freiheit gewonnen, sondern auch ein völlig neues Selbstbewusstsein. Das wiederum half ihr, ihre Hündin viel besser zu führen. Konsequent und trotzdem liebevoll. Und Canela? Die fühlte sich dadurch natürlich immer wohler bei ihrem Frauchen, war gelassener und ruhiger und spielte so den Ball direkt wieder zurück. Ich sag's doch: positive Entwicklung …

»Ich liebte mein neues Leben. Nadine war ein völlig neuer Mensch und Tobias war toll. Er machte einfach alles richtig. Als wir eines Tages nach einer längeren Autofahrt bei einem Tierheim ausstiegen – ich hatte die Energie dieses Ortes nicht vergessen und wusste natürlich sofort, wo wir waren –, machte ich mir daher überhaupt keinen Kopf mehr. Warum sollte ich von diesen beiden

wunderbaren Menschen weg? Wir waren doch ein eingeschworenes Dreamteam. Zwar verspürte ich immer noch ein gewisses Unbehagen. Aber wen wundert das: Ich verknüpfte mit Tierheimen wie diesem schließlich auch nicht gerade gute Erinnerungen. Jetzt allerdings befand ich mich außerhalb der Zwinger und lief an der lockeren Leine daran vorbei, Nadine und Tobias Hand in Hand.

Tatsächlich ging es diesmal auch gar nicht um mich. Die beiden waren total auf die anderen Hunde konzentriert. Dass einige von ihnen aufgeregt kläfften und am Gitter hochsprangen, konnte mich schon lang nicht mehr aus der Ruhe bringen. Außerdem gingen die zwei ja zwischen mir und den anderen. Was sollte also passieren?

Wir liefen gerade auf einen Zwinger zu, in dem etwas verloren eine noch recht junge Hündin saß, als ich seltsame Schwingungen von meinen Menschen empfing. Es war, als würde ihr Herz plötzlich schneller schlagen. Und als hätte ich es geahnt, hielten sie an, knieten sich ans Gitter und sprachen liebevoll auf die Kleine ein. Mein Interesse war geweckt.

Wenig später tapste Alva, so hieß die Hündin, unsicher neben uns her. Sie traute sich kaum, mich anzusehen, und weil ich sie nicht noch mehr verunsichern wollte, blieb auch ich erst mal auf Abstand. Nadine schien vor Liebe überwältigt und ich erinnerte mich vage daran, wie sie mich bei meiner Ankunft damals manchmal mit ihrer Liebe fast zu erdrücken schien. Aber heute hatte sie Tobias an ihrer Seite und der würde das schon richten. Davon war ich überzeugt.

Wir liefen eine Weile und ich bemerkte, dass sich die Kleine mehr und mehr fing. Bestimmt merkte sie, dass ich mich bei Nadine und Tobias wohlfühlte. Ich bin ja nicht der einzige Hund, der gute Schwingungen spürt. Irgendwann

Manche Menschen (ich gehöre definitiv dazu) können gar nicht genug von der guten Hundeenergie bekommen. Und auch viele Fellnasen freuen sich über »Familienzuwachs«. Hunde haben viel Gefühl füreinander und wenn sie gut zusammenpassen, sind sie ein Herz und eine Seele.

traute sie sich sogar, mich zum Spielen aufzufordern – was aber eher schlecht als recht ging, weil wir beide an der Leine waren, sie zusätzlich mit dem Sicherheitsgeschirr, das auch ich früher tragen musste, gesichert. Trotzdem tat ich ihr den Gefallen, ging mit dem Vorderkörper nach unten, streckte mein Hinterteil in die Höhe und wedelte mit dem Schwanz. Sie hüpfte vor Freude. Was auch einen Hüpfer machte, war Nadines Herz. Das bemerkte ich sofort. Freudestrahlend und voller Stolz sah sie mich an. ›Schau dir nur Canela an‹, sagte sie zu Tobias und strich mir zärtlich über den Kopf. Ich schmiegte mich an sie, während die Kleine neugierig an einem Stein schnupperte. Also Konkurrenz hatte ich hier bestimmt nicht zu befürchten.

Nach dem Spaziergang redeten die beiden länger mit einer anderen Frau und als die schließlich in ein Büro ging und mit einer Decke auf dem Arm zurückkam, war mir klar: Dieser neue Hund sollte bei uns einziehen. Ich würde also von nun an wieder eine vierbeinige Freundin an meiner Seite haben. Allerdings keine erwachsene, weise wie früher auf der Straße, sondern ein kleines, unsicheres Fellknäuel, das gerade mal so lala an der Leine laufen konnte und mit etwas Glück schon stubenrein war.«

Glückwunsch, Canela, wie es aussieht, bekommt ihr »Nachwuchs«. Ich finde das wunderbar, denn zwei Hunde sind in meinen Augen noch viel besser als einer. Habe ich schon erwähnt, dass ich mir ein Leben mit nur einer Fellnase nicht mehr vorstellen könnte? Ich weiß natürlich, dass meine Marie irgendwann geht und dass Ola nicht mehr die Jüngste ist. Aber ich weiß auch, dass ich immer mehrere Hunde haben werde.

EIN HUND ODER ZWEI?

Ihr könnt euch sicher vorstellen, dass es mit neun Hunden ab und zu rund geht. Neun Hunde, das ist schließlich eine Hausnummer. Vor allem, wenn wir alle zusammen unterwegs sind. Wenn da einer losläuft, sind mindestens fünf dabei, die mitlaufen. Da entsteht sofort eine Rudeldynamik. Ich lege daher ganz großen Wert auf Ruhephasen, beim Spaziergang genauso wie zu Hause. Drinnen wird zum Beispiel nicht rumgetobt. Da wird, wenn überhaupt, geschmust und gespielt, aber ganz ruhig. Es gibt zum Beispiel kein Nachlaufen in der Bude. Bei neun Hunden wäre das ja Wahnsinn!

Ich finde, neun Hunde können wunderbar in Harmonie leben, wenn jeder weiß, wo sein Platz ist und wo seine Grenzen sind. Deswegen komme ich meinen Fellnasen genau damit immer wieder: mit Grenzen und Freiheiten, mit klaren Regeln und klarer Struktur. Das ist meine Aufgabe als Mensch, einem Hund oder auch neun Hunden eine klare Struktur zu bieten. Ich bin die Führungspersönlichkeit. Die Hunde orientieren sich an mir, also bin ich auch dafür verantwortlich, dafür zu sorgen, dass sie ein sicheres und entspanntes Leben haben. Das ist mein Job.

Ich kann zwar wirklich nicht jedem empfehlen, bei sich zu Hause sechs, sieben, acht, neun Hunde zu halten, vor allem wenn man nicht die ausreichende Erfahrung mitbringt. Aber zwei? Das geht schon und zwar auch dann, wenn man keine Wahnsinnsräumlichkeiten hat.

Mehrhundehalter lernen ja auch viel mehr von ihren Fellnasen. Von einem Hund lernt man, sich extrem auf ihn zu konzentrieren und zu fixieren. Bei mehreren Hunden hat man dagegen viel eher die Aufgabe, mehr danach zu gucken, was die Bedürfnisse jedes Einzelnen sind – und nicht, welche Bedürfnisse der Mensch hat, damit sein Hund für ihn »funktioniert«. Das ist ein großer Unterschied. Je mehr Hunde man hat, umso mehr stellt man sich auch darauf ein, dass Hunde Individuen sind und jeder von ihnen anders ist. Das ist nicht anders als bei uns Menschen. Grundsätzlich ticken wir zwar alle gleich, haben alle unsere Freuden, unsere Laster, unsere Problemchen … Und trotzdem sind wir doch alle sehr verschieden.

Einfach mal chillen: Wie wir Menschen brauchen auch Hunde ab und an mal Ruhephasen, um runterzukommen und gute Energie zu tanken.

Genauso ist es auch bei unseren Fellnasen. Wir können keinen von ihnen nach demselben Prinzip erziehen wie den anderen. Nach DER einen Strategie, nach DER einen Trainingsmethode. Das ist anmaßend. Deshalb sollte man gerade bei der Mehrhundehaltung darauf achten, dass man den Hunden die Möglichkeit gibt, sich langsam kennenzulernen, um zu schauen, ob es passt oder nicht. Wobei ich hier ehrlicherweise auch zugeben muss, dass ich selbst das gar nicht mache. Denn wenn ich wie letztes Jahr mit zwei »Küken« wie Beijo und Hazel hier reinkomme, weiß ich zwar, dass Marie mit ihren damals 13 Jahren sich denken wird: »Oh, die haben aber Wind dabei.« Ich weiß aber auch, dass sie souverän damit umgeht und dass das kein unlösbares Problem für sie ist. Ich verlasse mich da intuitiv auf meinen Bauchgefühl, weil ich Hunde nie mit dem Kopf, sondern immer mit dem Herzen auswähle. Und so würfele ich die Bande auch zusammen. Und aus der Bande entsteht dann irgendwann eine Gemeinschaft, weil ich weiß, wann ich dazwischengehen muss und wann nicht. Wann ich – wie letztes Jahr zum Beispiel – Marie mal rausnehmen muss, weil es ihr zu viel wird oder wie viel ich den »Babys« zumuten kann, damit sie nicht »durchdrehen«. Aber, wie gesagt, bringe ich halt auch die Erfahrung mit und weiß intuitiv, welche Charaktere zueinander passen.

Wenn wir dann mal alle zusammen sind, geht es mir einfach nur gut. Ich liege zum Beispiel im Garten im Liegestuhl und die neun fläzen um mich rum. Ola versucht vielleicht gerade eine Maus zu fangen. Beijo läuft einem Schmetterling hinterher. Teja liegt auf der Wiese in der Sonne und Marie ganz gemütlich hinter dem Bambus im Schatten. Und ich weiß: Diese Hunde sind glücklich. Das macht auch mich glücklich. Allerdings bin ich keiner, der sein Glück von seinen Vierbeinern abhängig macht. Ich kann auch alleine gut glücklich sein. Das ist, finde ich, eine gute Voraussetzung dafür, mehrere Hunde zu halten: dass sie sich der eigenen Energie und dem Fluss des Lebens anpassen. Dann ist es egal, wie groß deine Wohnung ist, ob du einen Hund hast oder zwei oder neun.

Hunde finden es übrigens auch toll, einen Artgenossen an ihrer Seite zu haben. Sie sind Rudeltiere. Das ist einfach so. Natürlich gibt es auch Einzelgänger und Hunde, die keinen Bock auf andere Hunde haben. Aber das ist dann leider wieder oft dem Menschen zuzuschreiben. Er entwöhnt den Hund vom Hund und er macht das vor allem aus seinem eigenen Interesse, seinen eigenen Bedürfnissen und Ansprüchen heraus. So wie eine Frau irgendwann nur noch die Freundin ihres Partners ist und keine eigene Clique mehr hat, weil sie das alles vernachlässigt (dasselbe kann natürlich auch andersherum passieren). Dann hast du diese One-Man- beziehungsweise One-Woman-Show, wo nur noch eine(r) der Mittelpunkt des Lebens ist. Es gibt nur noch den Partner, nur noch die Partnerin, nur noch den Job, nur noch den Hund ... Das hat für mich etwas Fanatisches und alles, was fanatisch ist, halte ich nicht für besonders gut. Ich plädiere also für mehr Unterhaltung. Zwei Hunde können es gut und gerne sein, im besten Fall natürlich aus dem Tierschutz. Dafür schlägt einfach mein Herz. Es gibt genug Hunde auf diesem Planeten. Wenn man ein bisschen Zeit mitbringt, ist für jeden etwas Passendes dabei. Ich verurteile aber niemanden, der sich keinen Hund aus dem Tierschutz holt. Ich sensibilisiere einfach nur für ein Umdenken.

Aber noch einmal zurück zu Canela. Nadine und Tobias machen es offenbar ganz richtig. Wenn man zwei Hunde zusammenführen will und dabei noch nicht so viel Erfahrung hat, empfiehlt es sich auf jeden Fall, nichts zu überstürzen, sondern schön schrittweise vorzugehen. Klar, es gibt Hunde, die sich auf Anhieb verstehen, aber die meisten brauchen einfach ein bisschen, um miteinander warm zu werden. Also die Hunde sich erst einmal auf neutralem Boden begutachten und einander begegnen lassen – nie zu Hause im eigenen Revier, da fühlt sich der Hund mit Heimvorteil schnell bedrängt –, zusammen spazieren gehen, die beiden sich einfach ein wenig beschnuppern lassen, ihnen aber genauso auch Raum lassen, sie nicht bedrängen. Sich Zeit nehmen, Zeit geben – so wie damals, als der erste Hund eingezogen ist. Dann kann Vertrauen wachsen. Ich bin guter Hoffnung, dass das was wird ...

»Als wir zum Auto zurückliefen, nun zu viert, fing es an zu regnen. Nicht ein paar Tropfen, nein, die Wolken taten sich auf und es schüttete in Strömen. Wir hatten den Wagen noch nicht annähernd erreicht und waren schon nass bis auf die Knochen. ›Es regnet junge Hunde‹, lachte Tobias. ›Na, wenn das mal kein gutes Omen ist.‹ Trotz des Wetters blieb Nadine stehen, drehte sich zu ihm um und gab ihm einen Kuss. Ich konnte ihre Wärme spüren und ein wunderbares Gefühl des Aufgehobenseins durchfuhr mich bis in die Ballen.

Pudelnass kamen wir nach Hause. Nachdem Nadine und Tobias uns trockengerubbelt und sich selbst umgezogen hatten, setzen sie sich auf die Couch und tranken Tee. Immer wieder lächelten sie sich an. Ich genoss die friedliche Stimmung und fühlte mich einfach nur angekommen. Bei meinen Menschen.

Alva und ich lagen an der Fenstertür. Ich blickte zu der jungen Hündin neben mir. Jetzt war ich die Starke, die ihr zeigen würde, wie schön das Leben ist, wenn man sich frei von Angst darauf einlässt. So wie es meine Mutter und meine Freundin einst mir gezeigt hatten.

Ich sah mein Spiegelbild in ihren dunklen Pupillen und erkannte mich selbst in ihr wieder. Genau in dem Moment hörte es auf zu regnen und die Sonne brach mit ihrem warmen Licht zwischen den Wolken hervor. Und plötzlich glitzerten die Tropfen an der Scheibe wie flüssiges Silber.«

Ausgiebige Spaziergänge mit meinen Hunden sind für mich ein Geschenk und ich nutze die Zeit mit ihnen, um ein Teil der Natur zu sein. Das Gefühl der Freiheit im Hier und Jetzt, das ich mit ihnen erleben darf, fasziniert mich heute noch genauso wie mit 17.

Meine Hunde (und natürlich auch alle anderen Fellnasen) haben mich gelehrt, meine Emotionen zu entdecken und im Augenblick zu leben. Mehr zu fühlen als zu denken. Durch sie wurde ich ein glücklicher, freier Mensch.

IHR LIEBEN,

wir sind am Ende dieses Buches angekommen und auch Canelas abenteuerliche Odyssee von der rauen Atlantikküste im westlichsten Zipfel Europas in eine kleine kuschelige Wohnung irgendwo bei uns in Deutschland hat ein glückliches Ende gefunden. Allerdings hat nicht nur unser Mädchen eine lange Reise hinter sich, sondern auch ihr Frauchen Nadine. Für sie hat ein Foto im Internet alles verändert. Das Foto eines Hundes, der kurz darauf ihr Leben komplett durcheinanderwirbeln sollte. Denn dieser Hund half ihr dabei, wieder mehr auf ihre Instinkte zu vertrauen und den Augenblick zu leben.

Glaubt mir, Nadine ist kein Einzelfall: Während wir Menschen Hunden in erster Linie mit dem Kopf begegnen, begegnen sie uns größtenteils mit Gefühl. Ob wir es nun Herz nennen, Instinkt oder Wesen ist einerlei. Fakt ist, dass durch die intensive Energie des Hundes der Mensch ein Stück weit weggeführt wird vom ständigen Denken und dem Handeln aus diesem Denken heraus. Manchmal behutsam, manchmal auch sehr direkt.

Hunde katapultieren uns sofort in den Augenblick. Wer einen Hund beobachtet, kommt schnell vom Denken ins Fühlen. Weil er abgelenkt wird vom ewigen Kopfkino. Vielleicht lieben wir ja unsere Fellnasen gerade deshalb so sehr, weil wir auch teilhaben wollen an ihrer Kunst, im Hier und Jetzt zu sein, anstatt uns im Gestern und Morgen zu verlieren?

Wenn ihr, wie Nadine, nicht glücklich seid mit eurem Leben, mit eurer Situation, dann verändert sie. Wartet nicht zu lange damit. Wie viele Menschen sagen irgendwann: »Ja, wenn ich das gewusst hätte, dann hätte ich alles anders gemacht.«

Macht es jetzt! Macht es für euch und eure Hunde. Lebt eure Gefühle und zeigt den Menschen um euch herum, zeigt eurem Hund, dass ihr den Mut zur Veränderung habt. Denn diese Veränderung bedeutet vor allem eins: mehr Freiheit.

Und vergesst nicht: Mich persönlich haben Tausende und Abertausende Hunde hinter Gitterstäben geprägt. Aber es muss nicht immer ein Hund aus dem Tierschutz sein. Jeder sollte selbst entscheiden, wann er welchen Hund zu sich nimmt. Wer es sich nicht zutraut, einen Hund mit Geschichte ein neues Zuhause zu schenken, der sollte lieber mit einer Fellnase anfangen, die noch nicht so viel im Gepäck hat. Es gibt so viele wundervolle Hunde auf diesem Planeten – junge und alte, große und kleine, sanfte und tollkühne ... Und egal, wo sie herkommen: Wichtig ist, dass wir sie in unser Herz lassen und gemeinsam mit ihnen diesen Herzensweg gehen. Als unsere Seelenpartner ...

Hunde verstehen heißt, sich selbst zu verstehen. Wenn wir bereit sind, genau hinzuschauen und uns selbst auch mal zu hinterfragen, zeigen sie uns den Weg in ein erfülltes, zufriedenes Leben.

ANDREAS OHLIGSCHLÄGER

Andreas Ohligschläger wuchs ländlich auf und kam so früh in Kontakt mit Tieren. Der gefühlvolle Mensch-Hund-Coach setzt sich seit Jahrzehnten für den Tierschutz ein und beschäftigte sich mit verhaltensauffälligen und traumatisierten Hunden. Mit seinem Weggefährten-Prinzip schafft er Brücken zwischen Menschen und Hunden. In seiner Fernsehshow »Hunde verstehen!« hilft er bei den unterschiedlichsten Problemen. Im Herbst 2023 startet die neue Show »Der Hundetrainer-Champion« bei Sat.1, wo er an der Seite von Hundetrainer-Coach Julia Hammerschmidt die Jury bildet. Seit 2007 leitet Andreas mit seinem Team das »Revier für Hunde«, mit seinen gemischten Hundegruppen eine der größten Hundetagesstätten Deutschlands. Der Mensch-Hund-Coach sensibilisiert Menschen für ihr Verhalten, blickt in die Seele der Hunde und zeigt den Weg zu einem respektvollen Umgang und einer verlässlichen Bindung mit unseren tierischen Partnern. Andreas ist der Schüler der Hunde und wurde so zum Trainer der Menschen.

DIE WERDEN SIE AUCH LIEBEN.

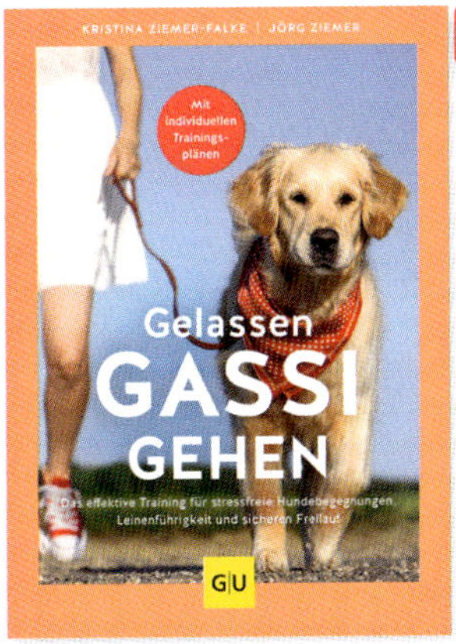

ISBN 978-3-8338-8840-3

ISBN 978-3-8338-8304-0

ISBN 978-3-8338-8470-2

ISBN 978-3-8338-8259-3

ISBN 978-3-8338-7560-1

ISBN 978-3-8338-6683-8

e Auch als eBook erhältlich.

GU

Mehr von GU auf **www.gu.de** und **facebook.com/gu.verlag**

LIEBE LESERINNEN UND LESER,

wir wollen Ihnen mit diesem Buch Informationen und Anregungen geben, um Ihnen das Leben zu erleichtern oder Sie zu inspirieren, Neues auszuprobieren. Wir achten bei der Erstellung unserer Bücher auf Aktualität und stellen höchste Ansprüche an Inhalt und Gestaltung. Alle Anleitungen und Rezepte werden von unseren Autoren, jeweils Experten auf ihren Gebieten, gewissenhaft erstellt und von unseren Redakteur*innen mit größter Sorgfalt ausgewählt und geprüft.

Haben wir Ihre Erwartungen erfüllt? Sind Sie mit diesem Buch und seinen Inhalten zufrieden? Wir freuen uns auf Ihre Rückmeldung. Und wir freuen uns, wenn Sie diesen Titel weiterempfehlen, in Ihrem Freundeskreis oder bei Ihrem Online-Kauf.

Sollten wir Ihre Erwartungen so gar nicht erfüllt haben, tauschen wir Ihnen Ihr Buch jederzeit gegen ein gleichwertiges zum gleichen oder ähnlichen Thema um.

KONTAKT ZUM LESERSERVICE

GRÄFE UND UNZER VERLAG
Grillparzerstraße 12
81675 München
www.gu.de

IMPRESSUM

© 2023 GRÄFE UND UNZER VERLAG GmbH, Postfach 860366, 81630 München

GU ist eine eingetragene Marke der GRÄFE UND UNZER VERLAG GmbH, www.gu.de

ISBN 978-3-8338-8985-1

2. Auflage 2023

Alle Rechte vorbehalten. Nachdruck, auch auszugsweise, sowie Verbreitung durch Bild, Funk, Fernsehen und Internet, durch fotomechanische Wiedergabe, Tonträger und Datenverarbeitungssysteme jeder Art nur mit schriftlicher Genehmigung des Verlages.

Projektleitung: Fabian Barthel
Texte und Lektorat:
Sylvie Hinderberger
Korrektorat:
Anne-Sophie Zähringer
Bildredaktion: Petra Ender,
Sylvie Hinderberger;
Natascha Klebl (Cover)
Umschlaggestaltung und
Layout: ki 36 Editorial Design,
Stephanie Reindl
Herstellung: Gloria Schlayer
Satz: Christopher Hammond
Reproduktion: Longo AG, Bozen
Druck und Bindung: Firmengruppe APPL, aprinta druck, Wemding

GRÄFE UND UNZER

Ein Unternehmen der
GANSKE VERLAGSGRUPPE

Bildnachweis:
Cover: Anna Auerbach
Weitere Bilder:
Alle Bilder in diesem Buch stammen von Anna Auerbach, mit Ausnahme von: S. 9, 11, 16–35, 61, 62, 160 und 179 (Andreas Ohligschläger).
Syndication:
www.seasons.agency

Umwelthinweis:
Nachhaltigkeit ist uns sehr wichtig. Der Rohstoff Papier ist in der Buchproduktion hierfür von entscheidender Bedeutung. Daher ist dieses Buch auf PEFC-zertifiziertem Papier gedruckt. PEFC garantiert, dass ökologische, soziale und ökonomische Aspekte in der Verarbeitungskette unabhängig überwacht werden und lückenlos nachvollziehbar sind.

Die GU-Homepage finden Sie unter www.gu.de

Wichtiger Hinweis:
Die Gedanken, Methoden und Anregungen in diesem Buch stellen die Meinung bzw. Erfahrung des Verfassers dar. Sie wurden von ihm nach bestem Wissen erstellt und mit größtmöglicher Sorgfalt geprüft. Jede Leserin, jeder Leser ist für das eigene Tun und Lassen jedoch weiterhin selbst verantwortlich. Weder Autor noch Verlag können für eventuelle Nachteile oder Schäden, die aus den im Buch gegebenen praktischen Hinweisen resultieren, eine Haftung übernehmen.